Renchin Sunjidmaa

Diversität und Ökologie holzbewohnender Pilze in Khentey, Mongolei

Renchin Sunjidmaa

Diversität und Ökologie holzbewohnender Pilze in Khentey, Mongolei

Eine Studie aus dem Westkhentey-Gebirge der Nordmongolei

Südwestdeutscher Verlag für Hochschulschriften

Imprint
Any brand names and product names mentioned in this book are subject to trademark, brand or patent protection and are trademarks or registered trademarks of their respective holders. The use of brand names, product names, common names, trade names, product descriptions etc. even without a particular marking in this work is in no way to be construed to mean that such names may be regarded as unrestricted in respect of trademark and brand protection legislation and could thus be used by anyone.

Publisher:
Südwestdeutscher Verlag für Hochschulschriften
is a trademark of
Dodo Books Indian Ocean Ltd., member of the OmniScriptum S.R.L Publishing group
str. A.Russo 15, of. 61, Chisinau-2068, Republic of Moldova Europe
Printed at: see last page
ISBN: 978-3-8381-2538-1

Zugl. / Approved by: Göttingen, GAUG, Diss., 2009

Copyright © Renchin Sunjidmaa
Copyright © 2011 Dodo Books Indian Ocean Ltd., member of the OmniScriptum S.R.L Publishing group

Inhaltsverzeichnis

Abkürzungsverzeichnis ... 4
1. Einführung ... 5
   1.1. Die Rolle holzbewohnender Pilze in Ökosystemen ... 5
   1.2 Studien über holzbewohnende Pilze ... 6
   1.3. Ziel der vorliegenden Arbeit ... 7
2. Untersuchungsgebiet ... 9
   2.1. Die Mongolei ... 9
   2.2. Khonin Nuga ... 11
      2.2.1. Die untersuchten Standorttypen HTU, DTU und DTO ... 12
         2.2.1.1. Helle Taiga der unteren Bergstufe (HTU) ... 12
         2.2.1.2. Dunkle Taiga der unteren Bergstufe (DTU) ... 13
         2.2.1.3. Dunkle Taiga der oberen Bergstufe (DTO) ... 15
      2.2.2. Durch Waldbrände beeinflusste Wälder ... 16
         2.2.2.1. Im Jahr 1996 angebrannter *Larix-Betula*-Wald (F1996) ... 18
         2.2.2.2. Im Jahr 2002 angebrannter *Larix-Betula*-Wald (F2002) ... 18
         2.2.2.3. Im Jahr 2007 angebrannter *Larix-Betula*-Wald (F2007) ... 18
         2.2.2.4. *Larix-Betula*-Wald ohne Waldbrand seit mehr als 15 Jahren (Kontrollwald) ... 19
      2.2.3. *Larix-Betula*-Wald für die Sukzessionsuntersuchung an den Birken ... 19
3. Methoden ... 20
   3.1. Feldarbeit ... 20
      3.1.1. Waldstrukturaufnahmen und Pilzaufnahmen in den Standorttypen HTU, DTU und DTO ... 20
      3.1.2. Waldstrukturaufnahmen und Pilzaufnahmen in den Standorttypen in den durch Waldbrände beeinflussten Wäldern ... 23
      3.1.3. Sukzessionsuntersuchung an Birken im *Larix-Betula*-Wald ... 24
   3.2. Pilzbestimmung ... 26
   3.3. Auswertung der Daten und statistische Analyse ... 26
      3.3.1. Pilzbesiedlung stehender und liegender Bäume und Totholzobjekte ... 26
      3.3.2. Artenvielfalt, Abundanz und Artenzusammensetzung ... 27
      3.3.3. Verteilung der holzbewohnenden Pilze an den verschiedenen Baumarten ... 27
      3.3.4. Substratansprüche häufig gefundener Arten ... 28
      3.3.5. Pilzsukzession an Birken im Larix-Betula-Wald ... 28

4. Ergebnisse 29

4.1. Die holzbewohnenden Pilze in den Standorttypen HTU, DTU und DTO 29

4.1.1. Pilzbesiedlung stehender und liegender Bäume bzw. Totholz 32

4.1.1.1. Lebende Bäume und stehendes Totholz 33

4.1.1.2. Liegende Stämme und Stümpfe 33

4.1.2. Artenvielfalt, Abundanz und Artenzusammensetzung holzbewohnender Pilze 34

4.1.3. Verteilung der holzbewohnenden Pilze an den verschiedenen Baumarten 39

4.1.3.1. Mandschurische Birke (*Betula platyphylla*) 42

4.1.3.2. Sibirische Lärche (*Larix sibirica*) 43

4.1.3.3. Zitterpappel (*Populus tremula*) 44

4.1.3.4. Zirbelkiefer (*Pinus sibirica*) 44

4.1.3.5. Sibirische Tanne (*Abies sibirica*) 45

4.1.3.6. Sibirische Fichte (*Picea obovata*) 45

4.1.4. Substratansprüche häufig gefundener Pilzarten 46

4.2. Die holzbewohnenden Pilze in den durch Waldbrände beeinflussten Wäldern 52

4.2.1. Einfluss der Waldbrände 52

4.2.2. Pilzbesiedlung stehender und liegender Bäume bzw. Totholzobjekte in den angebrannten Wäldern 56

4.2.2.1. Lebende Bäume und stehendes Totholz 57

4.2.2.2. Liegende Stämme und Stümpfe 58

4.2.3. Artenvielfalt, Abundanz und Artenzusammensetzung 59

4.2.4. Verteilung der holzbewohnenden Pilze an den verschiedenen Baumarten in den durch Waldbrände beeinflussten Wäldern 62

4.2.4.1. Mandschurische Birke (*Betula platyphylla*) 63

4.2.4.2. Sibirische Lärche (*Larix sibirica*) 65

4.2.5. Substratansprüche häufig gefundener Arten 66

4.3. Pilzsukzession an Birken im *Larix-Betula*-Wald 72

5. Diskussion 79

5.1. Umfang der Pilzaufnahmen 79

5.2. Flora der holzbewohnenden Pilze in der Mongolei 81

5.2.1. Großräumige Einordnung der Ergebnisse 81

5.2.2. Artenvielfalt und Abundanz holzbewohnender Pilze im Untersuchungsgebiet 82

5.2.3. Pilzartenzusammensetzung holzbewohnender Pilze im Untersuchungsgebiet 84

5.3. Verteilung der holzbewohnenden Pilze auf verschiedenen Baumarten 85

5.3.1. Pilzbesiedlung der Baumarten 85

5.3.2. Pilzarten pro Substrat bei verschiedenen Baumarten 86

5.4. Pilzbesiedlung und Substrateigenschaften 86

5.5. Pilzbesiedlung lebender Bäume und Totholzobjekte 87

5.6. Substratansprüche häufig gefundener Pilzarten 88

5.7. Pilzsukzession in der Initialphase der Zersetzung an Birken 89

5.8. Pilzbesiedlung im Untersuchungsgebiet 90

5.8.1. Höhenstufe und Standorttypen 90

5.8.2 Vergleich von stehenden und liegenden Beständen innerhalb der Standorttypen 90

5.8.3. Vergleich von stehenden und liegenden Beständen zwischen den Standorttypen 91

5.8.4. Vergleich stehender Birken und Lärchen zwischen den durch die Waldbrände beeinflussten Wäldern 91

5.8.5. Vergleich liegender Birken und Lärchen zwischen den durch die Waldbrände beeinflussten Wälder 93

Zusammenfassung 94

Summary 98

Literaturverzeichnis 102

Abbildungsverzeichnis 108

Tabellenverzeichnis 111

Anhang 113

Transliteration kyrillischer Buchstaben 128

Danksagung 129

Abkürzungsverzeichnis

Abb.	Abbildung
abgest.	abgestorben
BHD	Brusthöhendurchmesser
bzw.	beziehungsweise
ca.	Circa
d.h.	das heißt
DTO	Dunkle Taiga der oberen Bergstufe
DTU	Dunkle Taiga der unteren Bergstufe
durchschn.	durchschnittlich
F1996	Im Jahr 1996 angebrannter Wald
F2002	Im Jahr 2002 angebrannter Wald
F2007	Im Jahr 2007 angebrannter Wald
FH	Feuerhöhe
FI	Feuerintensität
HTU	Helle Tiaga der unteren Bergstufe
i.F.	im Folgenden
Max.	Maximum
Min.	Minimum
o.g.	oben genannte
T	Transekt
Tab.	Tabelle
teilw.	teilweise
ü. NHN	über Normalhöhennull
z.B.	zum Beispiel

1. Einführung

1.1. Die Rolle holzbewohnender Pilze in Ökosystemen

Pilze bilden einen wesentlichen Bestandteil eines Ökosystems. Zusammen mit Bakterien sind sie die wichtigsten Destruenten und versorgen das Ökosystem ständig mit anorganischen Verbindungen. Die Produktivität in einem Waldökosystem hängt letztlich vom Recycling von den im Holz gespeicherten Nährstoffen und somit von der Dynamik des Zersetzungsprozesses ab (Rayner & Boddy, 1988). Im Lebensraum Wald nehmen außer Pilzen und Bakterien viele weitere Organismen wie Insekten und Würmer an der Holzzersetzung teil. Amöben, Myxobionta und vielzellige Tiere wie Nematoden, Arthropoden und Mollusken finden sich ebenfalls im Holz, wobei ihre Rolle bei der Zersetzung direkt und indirekt sein kann.

Die meisten Holz besiedelnden Pilze nutzen das Holz als ihre Nährstoffquelle. Es gibt allerdings Arten auf und im Holz, die dort nur passiv siedeln, während manche die Bäume parasitieren (Rayner & Boddy, 1988). Unter den Holz verzehrenden Pilzen findet man somit Braunfäulepilze und die Moderfäulepilze, die in der Lage sind, die Hemizellulose und Zellulose abzubauen, und die Weißfäulepilze, die Hemizellulose, Zellulose und Lignin zersetzen. Wenige Arten von Hefen und Schimmelpilze im Holz sind zum Abbau der strukturellen Bestandteile der Zellwände befähigt (Schmidt, 1994). Des Weiteren kommen auch ektomykorrhizabildende Arten im Holz vor, z.b. der Gattungen *Amphinema, Piloderma, Byssocorticium, Tomentella, Tomentellopsis, Peudotomentella* oder *Tylospora* (Agerer, 1987-2002, 1994, 1996).

Nachgewiesen wurde, dass die Einteilung von Pilzarten in Parasiten und Saprotrophen allein auf Fruchtkörperbildung an lebenden oder toten Holz in vielen Fällen nicht zutreffend ist (Jahn, 2005). Obligate Parasiten, die sich nur von lebenden Zellen ernähren, kommen unter den holzbewohnenden Pilzen nicht vor. Holzparasiten sind eher fakultative Parasiten, die anfangs parasitisch leben und sich später saprotroph weiterentwickeln können. Die Mehrzahl holzbewohnender Pilzen sind aber saprotroph (Jahn, 2005).

Holzpilze stellen einen wesentlichen Anteil der biologischen Diversität dar. Ihre Wechselbeziehungen im Ökosystem Wald sind mannigfaltig. Durch eine Untersuchung über die Assoziation von *Tomicus minor* mit Pilzen auf *Pinus sylvestris* in Polen isolierte Jankowiak (2008) zum Beispiel 59 Pilzarten aus den adulten Käfern. Frisch abgestorbenes Holz wird von einer Vielzahl spezialisierter Pionierinsekten besiedelt. Durch Bohr- und Fraßgänge der Insekten, sowie durch Spechte in die Rinde gepickte Löcher von toten oder sterbenden Bäumen, dringen Pilzsporen und weitere holz- und rindenfressende Insekten leicht ins Holz ein. Spechte bauen oft ihre Nisthöhlen in bereits verrottende Bäume. Mit *Phellinus pini* befallene Bäume sind als Nistplätze für den Kokardenspecht *Picoides borealis* beliebt (Conner et al., 1976). Die Bäume mit Pilzfruchtkörper sind begehrte Nistplätze für andere Höhlenbrüter (Bai, 2005). Tiere, die auf Bäumen und Holz nach Nahrung, Unterschlupf und Schutz suchen, nehmen die Pilzsporen auf und übertragen sie auf andere Substrate. Beispielsweise von *Stereum sanguinolentum* und *Amylostereum areolatum* ist eine Symbiose mit Holzwespen *(Sirex sp.)* bekannt (Jahn, 1971). Lebende Myzelstücke werden von den weiblichen Insekten in einem speziellen Organ getragen und bei der Eiablage mit den Eiern in das Holz eingeführt. Durch den übertragenen Pilz wird das Holz bei der Zersetzung weich und dient der Insektenlarve als Nahrung.

Holzbewohnende Pilze umfassen Vertreter aus verschiedenen systematischen Gruppen, die unter ähnlichen ökologischen Bedingungen leben. Die Fruchtkörperformen holzbewohnender Pilze sind ziemlich mannigfaltig. Die Mehrheit von ihnen bilden oft harte, zähe und ledrige Fruchtkörper, die zum Beispiel konsolen-, muschel-, fächer-, teller-, polster- und hufförmig sein können. Zahlreiche krustenförmige resupinate und halbresupinate Pilze mit röhrigen, porigen, stacheligen, merilioiden oder glattem Hymenophor gedeihen im Holz. Cantharelloide Pilze, pustel- und becherförmige Pilze, zentral, exzentrisch gestielte und stiellose Blätterpilze sowie Gallertpilze, Korallenpilze und Bovisten findet man des Öfteren am Holz. Holzbewohnende Pilze werden anhand ihrer Funktionen beispielsweise folgendermaßen genannt: Holz besiedelnde Pilze, Holz abbauende Pilze, Holz zerstörende Pilze, Holz zersetzende Pilze, Holz verzehrende Pilze und Holzpilze.

Holzbewohnende poroide Pilze werden öfters als Indikator für Kontinuierlichkeit und Naturschutzwert von Waldstandorten betrachtet (Bredesen et al., 1997, Nordstedt et al., 2001).

1.2 Studien über holzbewohnende Pilze

Untersuchungen zur Pilzflora in der Mongolei sind im Gegensatz zu floristisch und faunistischen Arbeiten noch sehr lückenhaft. Die von einheimischen Experten durchgeführten mykologischen Studien sind in der Regel auf spezielle ökonomisch relevante Gruppen beschränkt. Das Vorkommen weniger *Basidiomyceten*, darunter Speise- und Giftpilze wurden bei Otgonbat (1979) und Urančimeg (2004) aufgenommen. Urančimeg (1983) führte ihre Untersuchungen hauptsächlich in Mongoldaguur und der Khentey-Region durch und hat 30 holzbewohnende Pilze bestimmt. Ein Lehrbuch für phytopatologische Übungen von Itgel & Byambažav (1979) und eine Magisterarbeit über Speisepilze der Mongolei (Kherlenčimeg, 2001) liegen weiterhin vor. Zur Untersuchung der Flora der *Gasteromyceten* hat der deutsche Mykologe Dörfelt (1986, 1990, 2007) einen wichtigen Beitrag geleistet. Weitere Beiträge zu Pilzflora in der Mongolei finden sich bei Hilbig (2006). Diversität und Vorkommen der meisten *Macromyceten*, nicht nur der Holzbewohnenden sind allerdings noch unbekannt und detaillierte Studien zur Ökologie einzelner Arten fehlen völlig.

In Europa wurden die eurasischen, mit Schwerpunkt europäischen polyporoiden und corticioiden Arten taxonomisch umfassend und detailliert bearbeitet. Zu nennen sind an dieser Stelle Eriksson & Ryvarden (1973), Eriksson et al. (1975, 1976, 1978, 1981, 1984), Ryvarden (1976, 1978), Moser (1983) und Jülich (1984). Studien neuerer Zeiten umfassen umfangreiche Themen zu Substratansprüchen holzbewohnender Pilze. Dabei war die Vielfalt der Baumarten ein wichtiger Faktor für die Zusammensetzung holzbewohnender Pilze (Heilmann-Clausen et al., 2005). Die am besten studierte Baumart in Bezug auf Pilzdiversität ist in Europa *Fagus sylvatica* (Heilmann-Clausen, 2001, Heilmann-Clausen & Christensen, 2003, 2004, 2005, Ódor et al., 2006, Müller, 2007). Die meisten Studien in den borealen Wäldern wurden an *Picea abies* durchgeführt (Edman et al., 2004, Penttilä et al., 2004, Rolstad et al., 2004). *Populus tremula* ist die einzige Baumart, die auch in der Mongolei vorkommt und deren Pilzbesiedlung in anderen Ländern gut untersucht wurde. Für alle anderen Baumarten wie *Larix sibirica, Pinus sibirica, Picea obovata, Abies sibirica* und *Betula platyphylla*, die in der Mongolei botanische Gesellschaften bildend vorkommen, liegen keine vergleichbaren Studien vor.

Relativ umfangreich sind mittlerweile die Studien, die die Bedeutung verschiedener Umwelt- und Substratfaktoren auf Artenvielfalt und Artenzusammensetzung holzbewohnender Pilze untersuchen. Für die Fragestellungen nach dem Zusammenhang der Pilzvielfalt und der Holzqualität sind folgende Studien beispielhaft bekannt: Rolle von Totholzmenge und Diversität von starkem und schwachem Totholz für die Pilzbesiedlung (Edman et al. 2004, Sippola, 2004), verschiedene Faktoren wie Größe, Komplexität des Stammes und Zersetzungsgrad im multivariaten Kontext (Heilmann-Clausen & Christensen, 2003) und Einfluss von Waldmanagement, Verfügbarkeit des Totholzes mit verschiedener Struktur sowie die Rolle von Wirtsbaumarten (Küffer & Senn-Irlet, 2005). Junninen et al. (2006) untersuchte den Einfluss von Sukzession und Natürlichkeit der Wälder auf holzbewohnende Pilze. Über die Mongolei fehlen allerdings sowohl quantitative als auch qualitative Studien zu Substrateigenschaften und Mikroklima von Holzpilzen.

1.3. Ziel der vorliegenden Arbeit

Der Schwerpunkt der vorliegenden Arbeit liegt auf der Erfassung von Diversität, Zusammensetzung und Ökologie holzbewohnender Pilze in der Umgebung der Forschungsstation Khonin Nuga, die in der Nordmongolei an der Pufferzone des streng geschützten Gebietes Khan Khentey liegt. Bisher wurden in dem gesamten Gebiet der Mongolei keine vergleichbaren Studien durchgeführt.
Es werden im Rahmen der Arbeit folgende Fragen beantwortet:
- Wie viel holzbewohnende Pilzarten gibt es in dem gesamten Untersuchungsgebiet?

- Wie unterschiedlich sind die verschiedenen Standorttypen (Waldtypen) in Bezug auf die Pilzbesiedlung, die Artenzahl, die Abundanz und auf die Pilzartenzusammensetzung?
- Welche Unterschiede gibt es bei der Pilzbesiedlung zwischen den stehenden Bäumen und dem liegenden Totholz? Wie sind die Unterschiede zwischen und innerhalb der Standorttypen?
- Welche Pilzflora haben die untersuchten Baumarten und welche Eigenschaften (BHD, Zersetzung, Holzqualität) einzelner Baumarten werden von den Pilzen bevorzugt?
- Welche Substratansprüche haben die im Untersuchungsgebiet häufig vorkommenden Pilzarten?
- Wie sehen die Pilzbesiedlung, die Artenzahl, die Abundanz und die Pilzzusammensetzung in den durch Waldbrände beeinflussten Wäldern aus, deren Feuer verschieden weit zurückliegt? Werden dort andere Eigenschaften der Baumarten von Pilzen bevorzugt als von Baumarten in einem Wald mit geringer Feuerspur?
- Welcher Anteil der Pilzvielfalt erklärt sich mit der Pilzsukzession der Initialphase? Welche Arten treten im Untersuchungsgebiet als Pionierarten auf?

2. Untersuchungsgebiet

Im Folgenden wird die Lage, das Klima und die Vegetationszonen der Mongolei sowie das Untersuchungsort Khonin Nuga näher beschrieben. Im Anschluss erfolgt die Darstellung der einzelnen untersuchten Standorttypen.

2.1. Die Mongolei

Zwischen Zentral- und Ostasien gelegen, grenzt die Mongolei im Norden an die Russische Föderation mit 3.485 km und im Süden an die Volksrepublik China mit 4.677 km Grenzlänge. Mit einer Fläche von 1.564.116 km² und 2.8 Millionen Menschen ist die Mongolei ein dünn besiedeltes Land.

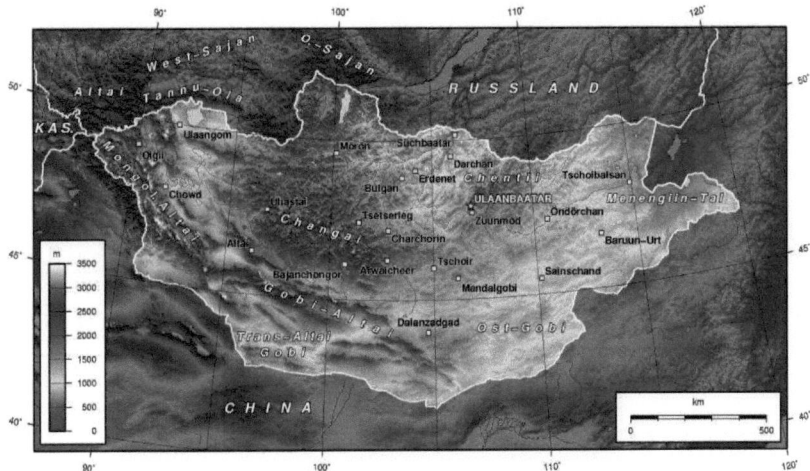

Abb. 2.1. Topographische Karte der Mongolei. Quelle: Latebird, 2006.

In der Mongolei herrscht ein extrem kontinentales Klima, das zeitlich und räumlich stark variiert. Diese Variabilität ist durch ihre Lage im Rand bzw. Überschneidungsbereich verschiedener Zirkulationssysteme bedingt. Die Temperaturen schwanken im Laufe des Jahres sehr stark. Die durchschnittliche (mittlere) Januartemperatur ist unter −30 °C und die minimum Wintertemperatur −60 °C. Die mittlere Julitemperatur liegt bei +20° C und die maximum Sommertemperatur bei +45 °C (Tsegmid, 1989, BNMAU-ijn šinžlech ukhaanij akademi et al., 1990). Der mittlere Jahresniederschlag erreicht 200 bis 220 Millimeter und nimmt von über 500 mm im Norden des Landes auf unter 50 mm im Süden bzw. in der Wüste Gobi ab (BNMAU-ijn šinžlekh ukhaanij akademi et al., 1990). Die niederschlagreichsten Monate sind Juni, Juli und August.

Im Gebiet der Mongolei entstehende jährliche Durchschnittsgewässerreserven betragen, das Gewässer von Russland und China einbezogen, 34.6 km³. 60 % des jahresdurchschnittlichen Wasserflusses fließen durch die Landesgrenze hinaus und der übrigere Anteil versickert im Boden oder mündet in den Seen der Gobi. 85 % des Oberflächenwassers ist Süßwasser, wovon allein der See Khövsgol 93.6 % ausmacht. 83.7 % der Gewässerreserven bestehen aus Seewasser, 10.5 % von Eisflüssen und 5.8 % aus Flusswasser (Ministerium für Natur und Umwelt, 2009).

Verschiedene Vegetationszonen befinden sich in der Mongolei annähernd breitenparallel. Im Norden verläuft zunächst die Gebirgstaiga in die Richtung Süden in die Gebirgswaldsteppe und in die Steppe. Dann schließt die Halbwüste an und geht in die Wüste der Gobi im Süden über. Es wird weiterhin zwischen der Gebirgswaldsteppe und der Steppe auch von der Waldsteppe gesprochen. Im Bereich der Gebirgssysteme werden sie unterbrochen und es schieben sich vertikale Höhenstufen dazwischen, die durch Höhenstufung im Khentey, Khangaj und in den Gebirgssystemen des Mongolischen und Gobi-Altai ausgeprägt sind.

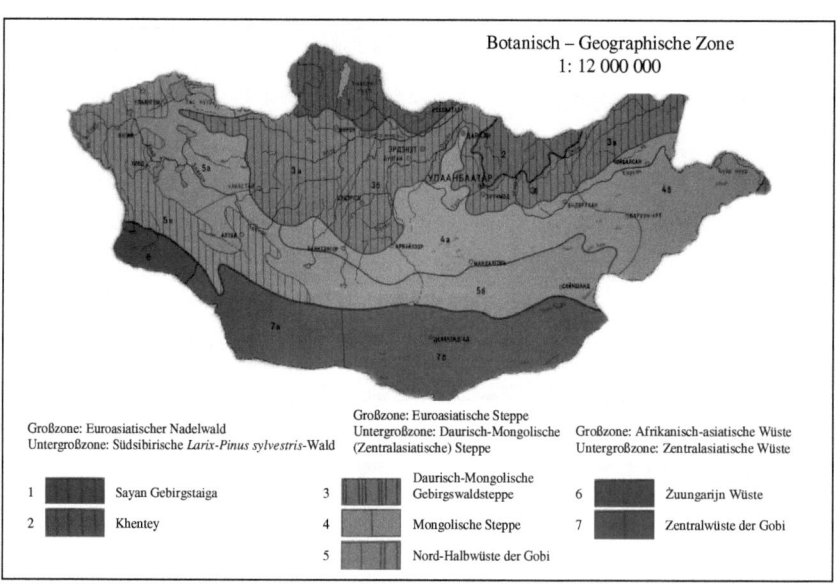

Abb. 2.2. Botanisch-Geographische Zone der Mongolei. Quelle: Nationalatlas der Mongolei, 1990.

Nach dem Stand von 2005 sind 13.2 Millionen Hektar (ha) bzw. 8.5 % der Fläche der Mongolei mit Bäumen und Sträuchern bedeckt (Ministerium für Natur und Umwelt, 2009). Davon nehmen Nadel- und Laubwälder im Westen und Nordwesten des Landes sowie im Norden zur russischen Grenze eine Fläche von 10.5 Millionen bzw. 6.7 % der Landesfläche ein. In diese Zahl wurden der wichtige Wüstenwald Saxaul *(Holoxylon ammodendron)* und weitere Strauch- und Buschareale nicht einbezogen (MFSA, 2009).

2.2. Khonin Nuga

Das im Nordosten des Landes gelegenes Khentey-Gebirge erstreckt sich über 200 km hinweg von der russischen Grenze im Nordosten bis zur mongolischen Hauptstadt Ulaanbaatar im Südwesten. Hier grenzt die Sibirische Taiga mit mongolisch-daurischer Gebirgswaldsteppe an. Dadurch entsteht eine einzigartige Mischung von Vegetationstypen der dunklen Taiga, hellen Taiga und der Waldsteppe (Dulamsuren, 2004). Die Gebirgswaldsteppe, die sich nicht nur den Khentey, sondern Khangaj, Khövsgöl, das Mongolisch-daurisches Gebiet und den Mongolischen Altai umfasst, bietet durch das natürliche Nebeneinander von Gebirge, Wald, Steppenvegetation und Auenlandschaften gute Bedingungen für eine reiche Tier- und Pflanzenvielfalt. Durch eine Mischung von borealen, temperaten und daurischen Elementen ist die Gebirgswaldsteppe des Khentey Gebiets besonders artenreich und ein Biodiversitäts-Hotspot der Mongolei (Mühlenberg & Samiya 2002).

Das Khentey-Gebirge untergliedert sich aus klimatischer und vegetationskündlicher Sicht in Süd-, Ost- und Westkhentey (Savin, 1988). Während Südkhentey zur Waldsteppenzone zugeordnet wird, gehören Ost- und Westkhentey zur Gebirgstaigazone. Ost- und Westkhentey unterscheiden sich unter anderem durch die waldbildenden Baumarten. Dementsprechend kommen im Ostkhentey hauptsächlich *Larix sibirica*-Wälder vor. Das Westkhentey ist durch gemischte Nadelwälder ausgeprägt (Dulamsuren, 2004).

Das Untersuchungsgebiet Khonin Nuga, übersetzt Schafwiese, befindet sich am Fluss Eroo im Westkhentey. Es ist ca. 250 km nördlich von der Hauptstadt Ulaanbaatar angesiedelt und gehört zur Pufferzone des streng geschützten Gebietes Khan Khentey. 1997 wurde im Khonin Nuga Tal (49°05'N, 107°17'E) eine Forschungsstation etabliert, wodurch eine langjährige ökologische Forschung im Gebiet möglich wurde.

Dunkle Bergtaigawälder der oberen Bergstufe, dunkle Bergtaigawälder und helle Subtaigawälder an Nordhängen der unteren Bergstufe, helle Subtaigawälder, Buschwald, *Betula fusca*-Gebüsch und Rasenvegetation an Südhängen unterer Bergstufen sowie Auenvegetation stellen die wichtigsten Vegetationstypen des Untersuchungsgebietes dar (Dulamsuren, 2004). Weitere Klassifikation der Vegetationstypen sowie Lage, Klima und Geologie des Gebietes wurden bei Dulamsuren und Mühlenberg (2003) und Dulamsuren (2004) detailliert und ausführlich beschrieben.

Durch eine Messung des Mikroklimas über ein Jahr hinweg (von Juni 2005 bis Mai 2006) konnte im Untersuchungsgebiet ein Jahresniederschlag von 290 mm ermittelt werden (Hauck, 2007). Die maximale Lufttemperatur erreichte im Juli 39 °C, während die minimale Temperatur im Winter 2005/2006 −48 °C betrug (Dulamsuren & Hauck, 2008).

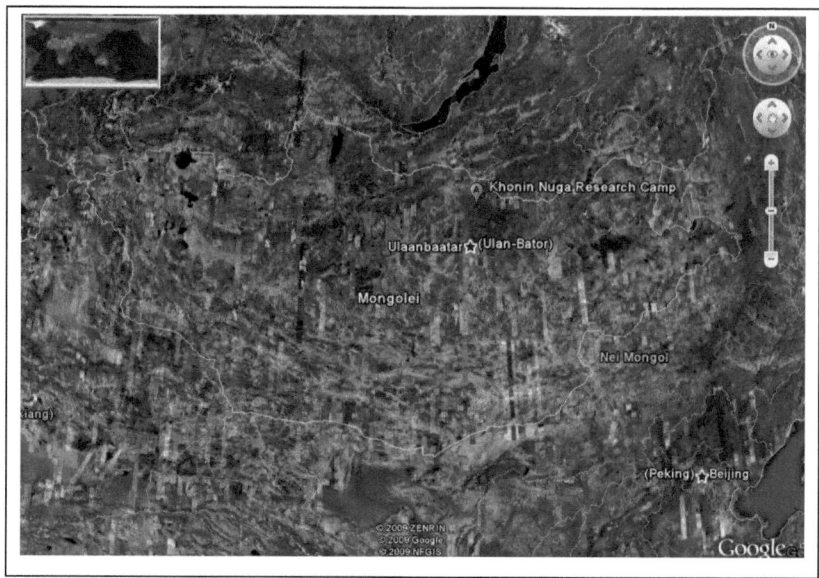

Abb. 2.3. Lage des Untersuchungsgebietes. Quelle: Google Earth, 2009.

2.2.1. Die untersuchten Standorttypen HTU, DTU und DTO

Die Feldarbeit wurde in erster Linie in den Standorttypen Helle Taiga der unteren Bergstufe (HTU), Dunkle Taiga der unteren Bergstufe (DTU) und Dunkle Taiga der oberen Bergstufe (DTO) durchgeführt. Diese Standorttypen waren alle länger als 15 Jahren nicht gestört und stellten die charakteristischen Vegetationstypen des Untersuchungsgebietes dar. Des Weiteren konnten dort die wichtigsten Baumarten erfasst werden, wie Zirbelkiefer (*Pinus sibirica*), Sibirische Fichte (*Picea obovata*), Sibirische Lärche (*Larix sibirica*), Sibirische Tanne (*Abies sibirica*), Mandschurische Birke (*Betula platyphylla*) und Zitterpappel (*Populus tremula*), die im das Untersuchungsgebiet auftreten.

2.2.1.1. Helle Taiga der unteren Bergstufe (HTU)

Die untersuchte Helle Taiga der unteren Bergstufe bzw. heller *Larix sibirica-Betula platyphylla*-Subtaigawald (49°05'N, 107°17'E) liegt direkt vor der Forschungsstation Khonin Nuga. Der nordexponierte Hang hat eine Höhe von 912-1065 m und weist eine Hangneigung bis 45° auf. Neben den dominanten Baumarten *Betula platyphylla* und *Larix sibirica* kommen auch *Populus tremula, Pinus sylvestris* und *Abies sibirica* vereinzelt vor.

Abb. 2.4. Helle Taiga der unteren Bergstufe vor der Forschungsstation Khonin Nuga.

Die Charakter- und Differentialarten der Krautschicht solcher Subtaigawälder im Untersuchungsgebiet sind durch Arten wie *Bromopsis pumpellianus, Carex amgunensis, Iris ruthenica* und *Lathyrus humilis* gekennzeichnet (Dulamsuren, 2004). Im untersuchten Wald fand in den Jahren 1975-1987 intensive Holznutzung statt. In diesem Zeitraum wurden Stämme von *Larix sibirica* mit einem Durchmesser von mehr als 40 cm gefällt und abtransportiert. Dadurch entstanden relativ viele Stümpfe mit einer durchschnittlichen Höhe von 0.2 bis 0.5 cm.

2.2.1.2. Dunkle Taiga der unteren Bergstufe (DTU)

Die Dunkle Taiga der unteren Bergstufe bzw. Dunkler *Picea obovata-* und *Picea obovata-Abies sibirica*-Bergtaigawald (49°01'N, 107°33'E) liegt 28 km östlich von der Forschungsstation Khonin Nuga entfernt. Der Ort ist durch den Namen „Heiße Quelle Eroo" bekannt.

Der untersuchte Nordhang befindet sich in einer Höhe von 1062-1221 m. Die Hangneigung erreicht bis zu 38°. Folgende Baumarten sind vertreten: *Picea obovata, Abies sibirica, Pinus sibirica, Larix sibirica, Betula platyphylla* und *Pinus sylvestris*. In diesem Waldtyp findet man *Picea obovata-* und *Picea obovata-Abies sibirica*-Wälder an schattigen und feuchten Steilhängen sowie Nadel- und

Laubmischwälder, wo *Pinus sibirica* und *Betula platyphylla* sowohl dominierend als auch in geringer Zahl beigemischt auftreten können (Dulamsuren, 2004).

Tab. 2.1. Variable, die an lebenden Bäumen und stehendem Totholz in den untersuchten Standorttypen aufgenommen wurden (Mittelwerte±Standardabweichung).

	HTU	DTU	DTO
Grundfläche m²/ha: (Min. und Max.)	17.1±2.6 (6, 36)	22.7±3.7 (5, 37)	33.8±3.8 (12, 50)
Baumarten			
Mandschurische Birke	108.8±14.3	22.8±15.0	0.7±1.0
Zitterpappel	12.2±13.5	0.0±0.0	0.0±0.0
Waldkiefer	2.0±3.2	8.2±6.1	0.0±0.0
Zirbelkiefer	0.0±0.0	31.2±24.1	192.7±49.7
Sibirische Tanne	0.0±0.0	38.2±13.4	118.3±62.8
Sibirische Fichte	0.0±0.0	105.3±24.8	22.5±20.2
Sibirische Lärche	47.7±13.5	21.3±5.3	3.5±5.4
Durchmesser (BHD)			
≤10 cm	12.8±2.2	17.7±11.4	21.8±8.7
11-20 cm	52.8±9.5	62.2±16.0	69.8±21.8
21-30 cm	56.2±20.9	73.2±14.2	69.0±27.0
31-40 cm	28.0±6.2	42.3±10.5	54.2±17.9
41-50 cm	8.3±5.2	16.3±5.4	57.2±18.1
51-60 cm	6.3±2.1	9.5±3.0	37.3±18.5
≥61 cm	6.2±4.5	5.7±3.1	28.3±15.2
Baumtyp			
Lebender Baum	152.2±27.3	195.7±37.8	290.2±36.2
Teilweise abgestorbener Baum	3.8±8.0	9.2±4.4	2.7±5.6
Stehendes Totholz	14.7±4.9	22.2±4.7	44.8±08.4

Die Mittelwerte wurden von den Mittelwerten von den sechs Transekten je Standorttypen kalkuliert.

Durch mehrjährige Besiedlung von Kurgästen der „Heißen Quelle Eroo" hat im Wald eine geringfügige Holznutzung stattgefunden. Es wird nur dadurch erkennbar, dass am Rande des Waldes vereinzelte abgesägte Stümpfe sowie mehr oder weniger offene Wege durch den Wald entstanden sind. Allerdings fand hier kein industrieller Holzeinschlag statt, so dass der Wald sehr wenige menschliche Einflüsse erkennen lässt.

Abb. 2.5. Helle Taiga der unteren Bergstufe mit Baumarten *Larix sibirica* und *Betula platyphylla*.

In der Kraut- und Moosschicht gedeihen *Linnaea borealis, Maianthemum bifolium, Trientalis europaea, Vaccinium vitis-idaea, Ptilium crista-castrensis* und *Pleurozium schreberi* (Dulamsuren, 2004).

Abb. 2.6. Dunkler *Picea obovata*- Bergtaigawald (Dunkle Taiga der unteren Bergstufe) bei „Heiße Quelle Eroo". Er ist reich an Totholz, das durch Wind entstanden ist.

2.2.1.3. Dunkle Taiga der oberen Bergstufe (DTO)

Die Dunkle Taiga der oberen Bergstufe bzw. der Dunkle Bergtaigawald (49°09'N, 107°18'E) befindet sich nördlich, 15 km entfernt von der Forschungsstation Khonin Nuga. Der Ort heißt Sangastai. Hier kommt die Haupttaigabaumart *Pinus sibirica* mit anderen Nadelbaumarten gemischt vor. In den dunklen Bergtaigawäldern findet man *Pinus sibirica-Abies sibirica*-Gesellschaft, *Pinus sibirica-Picea-obovata*-Gesellschaft und nadelbaumreicher Mischwald. Die *Larix sibirica* kommt mit abnehmender Höhenlage zunehmend vor (Dulamsuren, 2004). *Betula platyphylla* trifft man selten. Die untersuchte Fläche befindet sich in einer Höhe von 1451-1603 m und die Hangneigung variiert sich zwischen 0° und 28°.

In der Krautschicht sind *Artemisia integrifolia, Atragene sibirica, Carex macroura, Dendranthema zawadskii, Iris ruthenica, Lathyrus humilis, Melica turczaninoviana, Rubus saxatilis, Vicia unijuga* sowie *Allium victorialis, Athyrium filix-femina, Cacalia hastata, Ceracium pauciflorum, Geranium eriostemon, Dryopteris expansa* und *Rubus sachalinensis* die charakteristischen Arten, je nachdem, ob es sich um *Pinus sibirica-Picea obovata*-Wald oder um *Pinus sibirica-Abies sibirica*-Gesellschaften handelt (Dulamsuren, 2004).

Abb. 2.7. Dunkle Taiga der oberen Bergstufe in Sangastai.
Oben links *Pinus sibirica-Abies sibirica*-Gesellschaft.

Jedes Jahr werden durch die besondere Bedeutung der Zirbelkiefersamen viele Menschen in die Wälder gelockt, um dort die Samen zu sammeln. Aufgrund dieser Tatsache erhöht sich das anthropogen verursachte Feuerrisiko. Ansonsten wurde der Wald durch den Menschen nur wenig beeinflusst.

2.2.2. Durch Waldbrände beeinflusste Wälder

Untersuchungen zur Rolle des Waldbrandes für Pilzbesiedlung und Pilzflora wurden im August 2007 in den Wäldern der Hellen Taiga, deren Feuer verschieden lang zurücklag durchgeführt. Die aufgenommenen Wälder hatten im Jahr 1996 (elf Jahre bevor die Untersuchung durchgeführt wurde), 2002 (fünf Jahre vor der Untersuchung) und im Jahr 2007 (drei Monate vor der Untersuchung) gebrannt. Sie waren alle von *Betula platyphylla* und *Larix sibirica* dominiert, wobei je nach Lage des Waldes weitere Arten wie *Populus tremula*, *Pinus sylvestris* und *Picea obovata* in geringer Abundanz vorkamen.

Tab 2.2. Variable, die an liegenden Stämmen und Stümpfen in den untersuchten Standorttypen aufgenommen wurden (Mittelwerte±Standardabweichung).

	HTU	DTU	DTO
Totholzvolumen m³/ha	13.4±6.4	45.2±12.4	39.1±14.1
Baumarten			
Mandschurische Birke	11.0±6.8	4.0±2.8	0.2±0.4
Zitterpappel	8.8±12.4	0.0±0.0	0.0±0.0
Waldkiefer	0.3±0.8	2.0±2.0	0.0±0.0
Zirbelkiefer	0.0±0.0	7.3±3.2	34.3±12.1
Sibirische Tanne	0.0±0.0	5.7±3.2	9.7±4.8
Sibirische Fichte	0.0±0.0	41.8±12.1	1.5±1.2
Sibirische Lärche	37.2±20.4	13.5±4.5	0.3±0.5
Durchmesserklasse (BHD)			
20-30 cm	23.3±13.6	34.7±7.4	18.0±8.4
31-40 cm	14.8±6.7	18.5±5.1	12.7±8.0
41-50 cm	10.7±7.9	11.0±5.7	7.5±3.8
51-60 cm	4.7±2.5	6.0±2.1	4.7±2.7
≥61 cm	3.8±3.7	4.2±4.1	3.2±2.3
Holzstruktur			
Stumpf	29.7±12.2	22.3±10.9	5.8±5.1
Stamm	27.7±14.8	52.0±9.9	40.2±6.9
Umgefallen	30.5±16.1	65.5±11.1	45.2±10.0
Abgesägt	26.8±17.0	8.8±3.9	0.8±1.3
Zersetzungsgrad			
Nicht zersetzt	0.2±0.4	9.3±2.9	2.5±2.9
Gering zersetzt	6.0±4.1	18.2±7.3	4.7±1.2
Mittel zersetzt	29.2±19.6	21.2±6.7	14.8±5.0
Stark zersetzt	22.0±8.9	25.7±9.5	24.0±11.2

Die Mittelwerte wurden von den Mittelwerten von den sechs Transekten je Standorttypen kalkuliert.

2.2.2.1. Im Jahr 1996 angebrannter *Larix-Betula*-Wald (F1996)

Der „Baaziin am" genannte *Larix-Betula*-Wald am Nordwesthang (5463866, GK 9359780) mit elf Jahre zurückliegendem Feuer hat im Jahr 1996 gebrannt. Er befindet sich ca. 2.5 km südwestlich von der Forschungsstation Khonin Nuga entfernt. Es kommen dort ausschließlich *Betula platyphylla* und *Larix sibirica* vor.

Die untersuchte Fläche befindet sich in einer Höhe von 928-1064 m und die Hangneigung variiert zwischen 8° und 50°. Der Wald ist relativ schmal, so dass vom Fuß des Waldes bis zum Bergrücken nicht selten nur ca. 500 m liegen. Durch Holznutzung entstanden viele abgesägte Stümpfe von *Larix sibirica*.

2.2.2.2. Im Jahr 2002 angebrannter *Larix-Betula*-Wald (F2002)

Der im Jahr 2002 angebrannte *Larix-Betula*-Wald mit fünf Jahre zurückliegendem Feuer am Nordsüdhang (5474506, GK 9383958) namens „Doloogiin am" liegt ca. 3.5 km entfernt von der Forschungsstation. Zur Zeit der Erfassung hatte sich der Wald also fünf Jahre regeneriert. Außer den dominanten Arten *Betula platyphylla* und *Larix sibirica* kommen dort vereinzelt *Populus tremula* und *Pinus sylvestris* vor.

Die untersuchte Fläche befindet sich in einer Höhe von 919-987 m und die Hangneigung variiert zwischen 4° und 45°. Es handelte sich hier auch um einen relativ schmalen Wald.

2.2.2.3. Im Jahr 2007 angebrannter *Larix-Betula*-Wald (F2007)

Im Jahr 2007, in dem die Untersuchungen an Waldbrandgebieten durchgeführt wurden, waren bereits einige Brände vorgekommen. Allerdings traten die Brände nicht an den „klassischen" Nordhängen der *Larix-Betula*-Wälder auf wie die anderen zwei untersuchten Wälder, sondern eher in der Dunklen Taiga. Die Untersuchung wurde in einem im Jahr 2007 gebrannten Wald nach frischem Feuer durchgeführt, wo *Betula* und *Larix* dominierend vorkamen. Seine Teile lagen entweder direkt am Flussufer oder an steilen Osthängen[1]. Dort konnte man die Pilzgesellschaften direkt nach frischem Feuer erfassen. Dieser Ort, „Ichlegiin gol" am Osthang (5316122, GK 9262870) befindet sich 15 km südöstlich von Khonin Nuga und wurde drei Monate nach dem Feuer erfasst. Außer den dominanten Arten *Betula platyphylla* und *Larix sibirica* kommen selten *Populus tremula*, *Pinus sylvestris* und *Picea obovata* vor. Die untersuchte Fläche befindet sich in einer Höhe von 932-1095 m und die Hangneigung variiert am Osthang zwischen 12° und 55°.

---

[1] Es schien früher ein zusammenhängender Wald gewesen zu sein, wurde allerdings durch eine schmale Landstrasse getrennt.

2.2.2.4. *Larix-Betula*-Wald ohne Waldbrand seit mehr als 15 Jahren (Kontrollwald)

Die Helle Taiga der unteren Bergstufe (Siehe 2.2.1.1) wurde als ein normaler Wald ohne großen Feuerschaden bzw. ohne Feuer seit mehr als 15 Jahren als Kontrollfläche ausgewählt. Dieser Wald brannte über 15 Jahren nicht mehr. Es wurde jedoch bei manchen Lärchen und Birken eine leichte Feuerspur beobachtet.

Abb. 2.8. Links: *Fomes fomentarius* an einer toten Birke mit Feuerschaden in F1996. Rechts: Der in 2007 angebrannte Wald mit vielen durch Feuer abgestorbenen stehenden Bäumen.

2.2.3. *Larix-Betula*-Wald für die Sukzessionsuntersuchung an den Birken

Die Sukzessionsuntersuchung an Birken wurde im *Larix-Betula*-Wald im Tal direkt bei der Forschungsstation Khonin Nuga sowie im *Larix-Betula*-Nordhang vor der Station durchgeführt. Die beiden Standorttypen befinden sich ca. 600 m voneinander entfernt. In beiden Standorttypen ist die Baumdichte sehr gering.

3. Methoden

Die vorliegende Arbeit teilt sich in drei Schwerpunktthemen.
1. In erster Linie wurde die Pilzbesiedlung, die Diversität und die Ökologie holzbewohnender Pilze an den charakteristischen Vegetationstypen des Untersuchungsgebietes bzw. in den Standorttypen Helle Taiga der unteren Bergstufe (HTU), Dunkle Taiga der unteren Bergstufe (DTU) und Dunkle Taiga der oberen Bergstufe (DTO) erfasst.
2. Weiterhin wurde die Rolle natürlicher Störungen für die Pilzbesiedlung untersucht. Dazu wurden Untersuchungen in den Wäldern, deren Feuer verschieden weit zurücklag, durchgeführt. Die Wälder waren nach frischem Brand bzw. im Jahr 2007 angebrannt (F2007), mit fünf und elf Jahre zurückliegendem Feuer bzw. im Jahr 2002 (F2002) und 1996 (F1996) angebrannt. Im Kontrollwald wurde in den letzten Jahren kein Feuer registriert. Kontrollwald erwies sich nur geringfügige Feuerspur, die länger als 15 Jahre zurücklag.
3. Zum anderen wurde die Sukzession der Pilzvegetation in der Initialphase der Zersetzung an Mandschurische Birken (*Betula platyphylla*) beobachtet, um herauszufinden, wie weit die Diversität holzbewohnender Pilze durch Erstbewohner (Pionierarten) erklärt wird.

Bei den ersten zwei Schwerpunktthemen wurde die Pilzbesiedlung zunächst auf Standorttypenebene und auf Baumartenebene analysiert. Als nächstes wurden einzelne Pilzarten hinsichtlich ihrer Substrateigenschaften berücksichtigt.

3.1. Feldarbeit

3.1.1. Waldstrukturaufnahmen und Pilzaufnahmen in den Standorttypen HTU, DTU und DTO

Baum- und Totholzaufnahme
Die Feldarbeit in den Standorttypen HTU, DTU und DTO wurde im August und September 2006 durchgeführt. Für die Aufnahme holzbewohnender Pilze sowie deren Substrate wurden insgesamt 180 Plots aufgenommen, je 60 Plots in jedem Standorttyp. Der Beginn und die Richtung des Transektes (Leitlinie) erfolgte nach dem Prinzip „*stratified random sampling*". Innerhalb der Standorttypen wurden jeweils sechs Transekte gelegt, die im Abstand von 150 Meter liegen (Abb. 3.1). Die Transekte wurden wie folgt nummeriert: Die Transekten an der DTU sind die ersten 6 Transekte, nämlich T1 bis T6. Transekte T7 bis T12 gehören zu der HTU und die T13 bis T18 zu der DTO. Auf jedem Transekt wurden zehn Plots bearbeitet, die im Abstand von 50 Metern festgelegt wurden. Um sicherzustellen, dass der erste Plot keinen direkten Randeinflüssen

unterliegt, lag der Beginn des Transektes und damit der des ersten Plots 30 Meter von der „Leitlinie" entfernt.

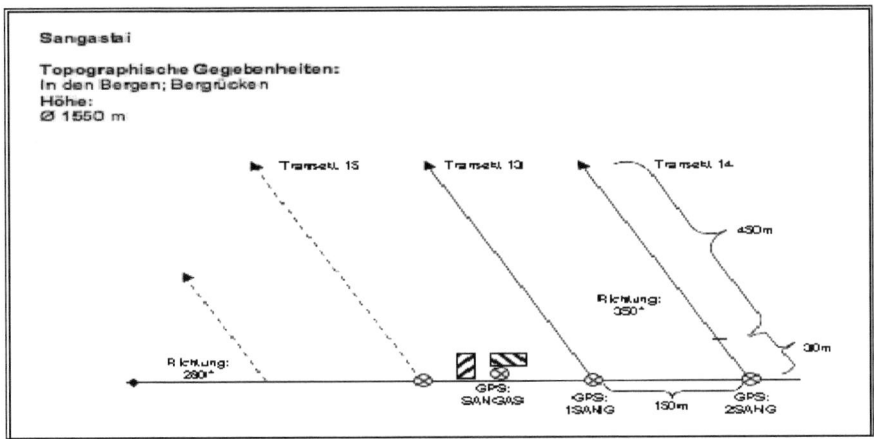

Abb. 3.1. Plotauswahl am Beispiel des Standorttyps in Sangastai (DTO). An jedem Standorttyp wurden in einem Abstand von 150 m sechs Transekte gelegt. In jedem Transekt wurden zehn Plots bearbeitet, die voneinander 50 Meter entfernt liegen. Die Transekte gingen von einer festgelegten Linie mit bestimmter Richtung in einem vorgegebenen Winkel aus (in diesem Fall 280°).

In jedem Plot wurden zuerst die Koordinaten, Meereshöhe, Exposition, Hangneigung und topographische Position im Plotmittelpunkt aufgenommen. Der stehende Bestand wurde dann mit Hilfe der Winkelzählprobe (Bitterlich, 1948) erfasst. Bei der Winkelzählprobe werden ideelle Probekreise verwendet, d.h. die Probekreise sind abhängig von dem Brusthöhendurchmesser (BHD) des aufzunehmenden Baumes und variabel für verschiedene Umfangsmaße. Bei der Probe wurde ein einfaches Dendrometer verwendet. Man peilt durch den Dendrometer (Zählfaktor 1) alle im Kreis stehenden Bäume an. Diejenigen Bäume, deren BHD breiter als das Messplätchen 1 ist, wurden als Probebaum gezählt. Ein gezählter Baum repräsentiert eine Grundfläche von 1 m²/h. Während der Untersuchung wurden die Variablen Baumart, Baumtyp und Durchmesser in Brusthöhe (BHD) erfasst (Tab. 3.1). Bei den aufgenommenen Bäumen wurde die Pilzbesiedlung registriert.

Im nächsten Schritt wurden liegende Totholzobjekte in einem Radius von 15 Metern um den Probeflächenmittelpunkt aufgenommen und zwar alle Stümpfe und am Boden liegende Stämme mit einem Durchmesser von über 21 cm. Hier wurde wieder die Baumart bestimmt und die Holzqualität beschrieben. Es wurden das BHD des Holzes, Länge der Stämme und Höhe der Stümpfe sowie

Zersetzungsgrad erfasst (Tab. 3.1). Des Weiteren wurde die Struktur des Holzes beschrieben, d.h. ob es sich um liegende Stämme oder Stümpfe handelt und eventuell ob das Substrat auf natürlicher Weise zum Beispiel durch Wind umgefallen war oder durch menschliche Einflüsse abgesägt wurde.

Tab. 3.1. Die an jedem Plot aufgenommenen Variablen.

Variablen	Messung bzw. Klassifizierung
Koordinaten	Gemessen mit GPS
Meereshöhe	Gemessen mit GPS, in Meter
Exposition	Nord-West, Nord, Süd-West etc.
Hangneigung	Gemessen in Grad
Topographische Position	Gipfel, Bergrücken, oberer Hang, mittlerer Hang, unterer Hang, Fuß, Ebene, Tal
Baumart	Mandschurische Birke, Sibirische Lärche, Sibirische Fichte, Sibirische Tanne, Zirbelkiefer, Waldkiefer, Zitterpappel
Durchmesserklasse	$\leq$10 cm, 11-20 cm, 21-30 cm, 31-40 cm, 41-50 cm, 51-60 cm, $\geq$61
Baumtyp	Lebende Bäume, Teilweise abgestorbene Bäume, Stehendes Totholz, Liegendes Totholz
Holzstruktur	Stumpf oder Stamm
Länge des liegenden Totholzes bzw. Höhe des Stumpfes	In Metern
Feuerhöhe (=Flammenhöhe)	In Klassen: bis zwei Meter, bis fünf Meter, mehr als sechs Meter des Stammes

<u>Pilzaufnahme</u>

Es wurde auf allen aufgenommenen Bäumen und Totholzobjekten, die die Kriterien erfüllten nach Pilzfruchtkörpern gesucht. Aufgenommen wurden polyporoide und corticioide Basidiomyceten sowie wenige Arten von Ascomyceten, die relativ harte Fruchtkörper bilden (i.F. holzbewohnende Pilze). Die Feldarbeit wurde im August und September durchgeführt, in den Monaten, wenn die meisten Pilze ihre Fruchtkörper bilden.

Haben die Bäumen Pilze, so wurde die Pilzart bestimmt, sofern dies an Ort und Stelle möglich war. Die Pilzexamplare, deren Artzugehörigkeit im Feld nicht sofort angesprochen werden konnte, wurden zur späteren Laboruntersuchung mitgenommen. Jede Pilzart wurde nach folgenden Kriterien beobachtet und aufgenommen: die Anzahl der Fruchtkörper, das Vorkommen auf dem Substrat wie auf Stämmen, Ästen, Astansätzen, auf Borken und Rinden oder auf entrindetem Substrat, die Position wie unten, oben, seitlich der Stämme, auf Bruch- und Schnittflächen oder an der Stelle mit Bodenkontakt etc., um Informationen über die Substratansprüche der einzelnen Arten zu gewinnen. Für die Anzahl der Fruchtkörper wurde folgende Klassifizierung verwendet. 1. „Abundans" - das Substrat ist voll bedeckt oder an mehreren Stellen oder aber in größeren zusammenfließenden Flächen siedelnd. 2. „Numerorus" - für nicht häufig, dennoch mehrfach oder zerstreut auf dem Stamm siedelnd, oder Individuenzahl mehr als fünf bei Pilzen mit großen Fruchtkörper oder in mittelgroßen Flächen siedelnd bei Pilzen, die relativ kleinere oder zusammenhängende resupinate Fruchtkörper bilden. 3. „Rarus" – stand für selten bzw. für den Fall, in dem nur eins bis vier Exemplare zu sehen waren. Resupinate Pilze, die klein Fleck am Stamm bilden, wurde ebenfalls für „rarus" gehalten (Jahn, 1968, leicht geändert). Die Zersetzung der Bäume wurde nach vier Kriterien geschätzt (Tab. 3.2).

Für die Beschreibung einzelner Baumarten hinsichtlich ihrer Pilzflora und für die Besiedlung der einzelnen Pilzarten bezüglich ihrer Substratansprüche wurden Bäume und Totholzobjekte gemeinsam als Substrat bezeichnet. Die Bezeichnung Pilzbesiedlung (=Pilzvorkommen) deutet ein Substrat mit Pilzfruchtkörper auf, gleich ob es sich dabei um einen einzigen Fruchtkörper einer Art handelt oder gleich um mehrere Fruchtkörper mehrerer Arten handelt. Die Pilzaufnahme (=Abundanz einer Art) heißt, auf wie viel Substrate die betreffende Art beobachtet wurde.

Tab. 3.2. Klassifizierung des Zersetzungsgrades bei der Aufnahme der liegenden Stämme und Stümpfe.

Klasse	Beschreibung
Nicht zersetzt	vor kurzem umgefallen, grüne Blätter bzw. Nadeln sind noch vorhanden
Gering zersetzt	keine grünen Blätter bzw. Nadeln mehr, Rinde teilweise abblätternd, Holz hart
Mittel zersetzt	Rinde lose, Holz teilweise weich, Durchmesser nicht mehr durchgehend rund
Stark zersetzt	Holz weich, überwachsen, zum Teil schwierig zu bestimmen

3.1.2. Waldstrukturaufnahmen und Pilzaufnahmen in den Standorttypen in den durch Waldbrände beeinflussten Wäldern

Der Einfluss der Waldbrände von den Jahren 1996, 2002 und 2007 auf die Pilzbesiedlung wurde bei den Baumarten Mandschurische Birke (*Betula platyphylla*) und Sibirische Lärche (*Larix sibirica*) untersucht. Für die Feldarbeit wurde genau dieselbe Methode genutzt, die auch in den drei verschiedenen Standorttypen verwendet wurde. Nur die Plotzahl wurde auf 120 reduziert, so dass in jedem Wald 40 Plots aufgenommen wurden, da in den angebrannten Wäldern mehr oder weniger homogene Struktur zu erwarten war. Es wurden in jedem Wald vier Transekte angelegt, in denen jeweils zehn Plots aufgenommen wurden. Zum Vergleich der Pilzflora der angebrannten Wälder mit der Pilzflora eines Waldes ohne oder mit geringer Feuerspur wurden die Daten aus der *Larix-*

Betula-Wald (HTU) übernommen, der seit 15 Jahren kein Waldbrand hatte. Zum besseren Vergleich wurden von den sechs erfassten Transekten in diesem Wald vier Transekte ausgewählt, in denen außer Birken und Lärchen möglichst keine anderen Baumarten beigemischt vorkamen. Die Transekte wurden wie folgt nummeriert: Die Transekte T1 bis T4 gehören zum F1996, T5 bis T8 zum F2002, T9 bis T12 zum F2007 und die Transekte T13 bis T16 zum Kontrollwald. In den durch Waldbrände beeinflussten Wäldern wurde die Feuerintensität an den Bäumen und Totholzobjekten besonders beobachtet und nach sechs Klassen klassifiziert (Tab. 3.3). Außerdem wurde die Feuerhöhe (=Flammenhöhe, Höhe der Verkohlung am Stamm) registriert.

Tab. 3.3. Klassifizierung der Feuerintensität bei der Aufnahme angebrannter Bäume und Totholzobjekte.

Klasse	Beschreibung
0	Keine Feuerspur
1	Rinde schwarz, aber keine Risse (oberflächige Feuerspur)
2	Rinde schwarz, Risse entstanden und/oder abgeblättert (leichte Rindenschaden)
3	Rinde und Splintholz schwarz (leichte Splintholzschaden)
4	Durch Feuer bis 50 % des Baumes geschädigt
5	Durch Feuer bis 70 % des Baumes geschädigt
6	Durch Feuer tot bzw. nur durchgebrannte Stammrest geblieben

3.1.3. Sukzessionsuntersuchung an Birken im *Larix-Betula*-Wald

Für eine Erhebung der Initialphase der Pilzbesiedlung sowie Vergesellschaftung der Pilze an Birken nach dem Umfallen wurden im September 2004 fünfzehn gesunde Birken mit einem Durchmesser von ca. 20 cm gefällt, die keinen Pilzfruchtkörper erkennen ließen. Fünf der Birken liegen im *Larix-Betula*-Wald im Tal und die anderen zehn Stämme im *Larix-Betula*-Nordhang. Die beiden Standorttypen liegen ca. 600 m voneinander entfernt. In den Jahren 2005, 2006 und 2007 wurde dann die sukzessive Pilzbesiedlung beobachtet. Die Untersuchungen wurden jedes Mal zwischen Ende August und Anfang September durchgeführt.

Im Jahr 2005 wurden die schon erschienen sichtbaren Fruchtkörper auf allen fünfzehn Birken und ihren Stümpfen registriert. Bei der zweiten Erhebung im September 2006 wurden zusätzlich Proben genommen, um über den sichtbaren Fruchtkörpern hinaus das Vorkommen der Pilze mit Hilfe von Myzelien im Holz festzustellen. Von jedem Birkenstamm wurden dabei drei bis vier Bohrungen und Astproben (vier Stück von jeder Birke) genommen. Die erste Bohrung wurde 50 cm von der Schnittfläche entfernt durchgeführt. Weitere Bohrungen wurden im Abstand von vier m vorgenommen. Zum Vergleich wurden im Umkreis von 15 m eine natürlich abgestorbene Birke mit starkem Zersetzungsgrad (als mögliche Besiedlungsquelle) aufgesucht, Pilzarten registriert und ebenfalls Holzproben entnommen. Zur Testidentifizierung der Holzproben wurden DNA-Sequenzierungsmethoden verwendet. Dazu wurden einige Bohrkerne, Äste und Pilzproben seltener Arten an die Abteilung Molekulare Holzbiotechnologie, Institut für Forstbotanik der Georg-August-Universität Göttingen weitergegeben. Anhand dieser Methode konnten aber die Pilze nicht auf Gattungsebene bestimmt werden, weil die vorliegende Datenbasis als Referenz unvollständig war. Die meisten Pilzproben wurden daher nur auf Familien- oder Ordnungsebene, manche sogar nur auf Klassenebene identifiziert. DNA-Sequenzierungsmethode konnte für die Untersuchung mit systematischer und ökologischer Fragestellung nicht ausreichend weiterhelfen. Aus diesem Grund musste die folgende Erhebung im Jahr 2007 wieder nur auf sichtbare Fruchtkörper der Pilze, die über Morphologie bestimmbar sind, beschränkt werden.

Abb. 3.2. Zersetzungszustand einer im Jahr 2004 gefällten Birke drei Jahren nach der Fällung.

Neben Pilzaufnahmen an den gefällten Birken wurden noch jeweils eine Birke mit fortgeschrittener Zersetzung in der Nachbarschaft der gefällten Birke gesucht (Vergleichsbirken) und die Pilzflora registriert, um zu vergleichen, wie weit die Pilzzusammensetzung an Birken drei Jahren nach der Fällung mit der Pilzzusammensetzung an den Birken in der Umgebung übereinstimmt.

3.2. Pilzbestimmung

Die Bestimmung von Pilzarten, die im Feld nicht sofort bestimmt werden konnte sowie die Bearbeitung aller gesammelten Proben aus dem Untersuchungsgebiet der Mongolei erfolgte in der Abteilung Naturschutzbiologie des Zentrums für Naturschutz an der Georg-August-Universität Göttingen. Kritische Proben wurden in der Mykologie-Abteilung der Ludwig-Maximilians-Universität München (Department Biologie I und GeoBio-Center^{LMU} im Bereich Organismische Biologie) bearbeitet. Es wurden über 200 Proben mikroskopiert, die aus den Feldarbeiten von 2005, 2006 und 2007 stammen.

Die Pilzbestimmung erfolgte nach Jülich (1984), Hansen & Knudsen (1997), Ryvarden (1976, 1978), Hjortstam et al. (1987, 1988), Eriksson & Ryvarden (1973), Eriksson et al. (1975, 1976, 1978, 1981, 1984) und Moser (1978). Weiterhin wurden Ginns (1982), Langer (1994) und Ginns & Freeman (1994) hingezogen. Die Nomenklatur basierte auf Index Fungorum Partnership 2004 (Quelle: Index Fungorum, 2008. www.indexfungorum.org. Letzter Aufruf: 15.04.2009).

3.3. Auswertung der Daten und statistische Analyse

Zum Vergleich der untersuchten Standorttypen bezüglich der Pilzdiversität wurden Artenakkumalationskurven gestaltet. Die Kurven wurden anhand beobachteter Werte (nach Sobs Mao Tao) erstellt. Alle beobachteten Werte pro Plot an den einzelnen Standorttypen wurden mit dem Computerprogramm EstimateS 8.0.0 von Colwell (2006) berechnet. Es ist anzunehmen, dass zum Zeitpunkt der Untersuchung nicht alle Pilzarten entdeckt wurden. Aus diesem Grund wurde die zu erwartende Artenzahl der jeweiligen Standorttypen errechnet. Es wurde die Jackknife - 1 Werte aufgenommen (Colwell, 2006). Die Jackknife-Methode dient zur Quantifizierung des Bias eines interessierenden Stichproben-Parameters T_{n-1}, wird aber später weiterentwickelt, so dass es auch zur Berechnung des Standardfehlers und zur Angaben eines Konfidenzintervalls verwendet wird (Köhler et al., 2002).

3.3.1. Pilzbesiedlung stehender und liegender Bäume und Totholzobjekte
Für die Signifikanzprüfung der Unterschiede zwischen den Medianwerten der Artenzahl, der Abundanz und der Pilzbesiedlung an mehr als zwei Standorttypen wurde der Kruskal-Wallis-ANOVA-Test durchgeführt. Im Fall der signifikanten Unterschiede wurde der Mann-Whitney-U-Test eingesetzt, um Unterschiede zwischen den einzelnen Standorttypen herauszufinden. Die Unterschiede zwischen den Medianwerten von zwei unabhängigen Variablen wurden mit dem Mann-Whitney-U-Test geprüft.

Bei den Aufnahmen in den Standorttypen HTU, DTU und DTO erfolgte eine Umweltfaktorenanalyse, die Umweltvariablen wie Meereshöhe, Exposition, Hangneigung, topographische Position und Anteil der Nadelbäume beinhaltet. Ziel war es dabei zu sehen, mit welchen der oben genannten Umweltvariablen die Pilzbesiedlung in den Standorttypen korreliert. Hierfür fand die CCA-Analyse (Canonical Correspondence Analysis) Anwendung. Die Maximierung der Kanonischen Korrelation zwischen allen Faktoren und allen Variablen ist das Prinzip der CCA (Bortz, 1995). Die Signifikanzprüfung der Zusammenhänge von Variablen erfolgte mit dem Monte Carlo Test (Nullhypothese: es gibt keinen Zusammenhang zwischen den Matrixen).

3.3.2. Artenvielfalt, Abundanz und Artenzusammensetzung

Die Beta-Diversität zwischen den Standorttypen wurde mit dem Classic Sorensen index (Colwell, 2006) berechnet. Aus den daraus berechneten Unähnlichkeitsdaten basierend wurde eine multidimensionale Skalierung in STATISTICA 8.0 (StatSoft, Inc., 1997) durchgeführt. Damit wurden die Ähnlichkeiten der Standorttypen in Bezug auf die Pilzartenzusammensetzung dargestellt.

Für den Ähnlichkeitsvergleich bezüglich Artenidentitäten zwischen den Standorttypen auf Transektebene wurde die „nearest neighbor"-Methode der hierarchischen Clusteranalyse unterzogen. Die Messung der Distanzen erfolgte mit Euclidean (Pythagorean).

Um charakteristische Indikatortaxen für die untersuchten Standorttypen im Untersuchungsgebiet zu ermitteln, wurde die Indikatormethode von Dufrene & Legendre (1997) benutzt, indem das Vorkommen der angetroffenen Arten nach Transekten pro Standorttyp definiert wurde. Die statistische Signifikanz wurde mit dem Monte Carlo Test nach 1000 Permutation geprüft.

Die CCA, die Indikatorwertanalyse und die Clusteranalyse für Beschreibung die Ähnlichkeit der Transekte in Bezug auf Pilzzusammensetzung erfolgten mithilfe PC-Ord 4.01 software (MjM Software, Gleneden Beach, Oregon, USA).

3.3.3. Verteilung der holzbewohnenden Pilze an den verschiedenen Baumarten

Im Rahmen der Arbeit konnten die meisten in dem Untersuchungsgebiet vorkommenden Baumarten[2] wie Mandschurische Birke *(Betula platyphylla)*, Sibirische Lärche *(Larix sibirica)*, Zitterpappel *(Populus tremula)*, Zirbelkiefer *(Pinus sibirica)*, Sibirische Tanne *(Abies sibirica)* und Sibirische Fichte *(Picea obovata)* hinsichtlich ihrer Pilzflora und Pilzbesiedlung untersucht werden. Weil die Untersuchungen nicht in den *Pinus sylvestris - Betula platyphylla* - Wäldern an Südhängen

---

[2] Da es sich bei den untersuchten Baumarten um je eine Art einer Gattung handelt, werden künftig kurzere Namen wie Birke, Lärche, Pappel, Zirbelkiefer, Tanne und Fichte übernommen, um längere Sätze zu vermeiden und damit die Verständlichkeit zu leichtern.

durchgeführt wurden, die eine der Vegetationstypen der unteren Bergstufe im Untersuchungsgebiet darstellt, wurde die Pilzflora der Waldkiefer (*Pinus sylvestris*) nicht erfasst, obwohl sie reich an holzbewohnenden Pilzen schien.

Zunächst wurden die Bäume und Totholzobjekte mit und ohne Pilzbesiedlung hinsichtlich jeder aufgenommenen Variable paarweise verglichen, um zu sehen, welche Eigenschaften der jeweiligen Baumart von den Pilzen bevorzugt werden. Weil in den durch Waldbrände beeinflussten Wäldern der Pilzbesiedlungsanteil stehender Bäume und Totholzobjekte relativ hoch war, wurden die untersuchten Baumarten (Birke und Lärche) dort als stehend und liegend gesondert analysiert. In den Standorttypen HTU, DTU und DTO wurden dagegen nur liegende Stämme und Stümpfe mit und ohne Pilzbesiedlung verglichen, denn nur ein geringer Anteil der lebenden Bäume und des stehenden Totholz wurde von Pilzen bewohnt.

3.3.4. Substratansprüche häufig gefundener Arten

Die Beschreibung von Substratansprüchen einzelner Arten wurde bei denjenigen Arten durchgeführt, deren Anteil mehr als 2.5 % der Aufnahmen aller Arten ausmacht bzw. die mindestens auf 22 Bäumen und Totholzobjekten gefunden wurden. Zunächst wurden die Substratansprüche dieser Arten aufgrund der Variablen BHD, Baumtyp, Feuerintensität und Zersetzungsgrad (zur Klassifizierung der Variablen siehe Tab. 3.1) beschrieben und durch die Besonderheiten der Anzahl von am Substrat gebildeten Fruchtkörpern und bevorzugten Position der Fruchtkörperbildung ergänzt. Bei der Beschreibung der Substrateigenschaften der Arten in den durch Waldbrände beeinflussten Wäldern wurden zusätzlich die Feuerintensität und die Feuerhöhe berücksichtigt. Es wurde untersucht, wo es möglich war, ob die Art ihre Fruchtkörper an den verbrannten Stellen gebildet hatte oder nicht, damit man ein Hinweis bekommen könnte, ob die Art vor bzw. nach dem Brand ihre Fruchtkörper gebildet hat.

3.3.5. Pilzsukzession an Birken im Larix-Betula-Wald

Zum Vergleich mittlere Artenzahl an fünfzehn Birken zwischen den untersuchten Jahren wurde der Friedmans ANOVA-Test und anschließend der Wilcoxon-Test für gepaarte Stichproben durchgeführt.

4. Ergebnisse

Im Rahmen der Arbeit wurden in der Umgebung des Untersuchungsgebietes 152 holzbewohnende Pilzarten nachgewiesen. Davon wurden 111 holzbewohnende Pilze auf Artebene bestimmt, die zu 32 Familien von 15 Ordnungen gehören. 97 % aller bestimmten Arten gehören zu der Abteilung Basidiomycota und drei Prozent zur Ascomycota. 96 % der Arten sind aus der Klasse Agaricomycetes, Basidiomycota. Die Liste der bestimmten holzbewohnenden Pilzarten in Khonin Nuga sind nach Klassen, Ordnungen und Familien klassifiziert in Anhang 1 zusammengefasst.

4.1. Die holzbewohnenden Pilze in den Standorttypen HTU, DTU und DTO

In den Standorttypen HTU, DTU und DTO wurden insgesamt 125 Pilzarten nachgewiesen. Von den in allen drei Untersuchungsflächen angetroffenen Arten war *Fomitopsis pinicola* die häufigste Art (96 Aufnahmen), gefolgt von *Fomes fomentarius* (72), *Trichaptum abietinum* (65), *Neolentinus lepideus* (63), *Trichaptum fuscovioleceum* (46), *Stereum sanguinolentum* (34), *Phellinus chrysoloma* (31), *Schizophyllum commune* (23) und *Trichaptum laricinum* (22).

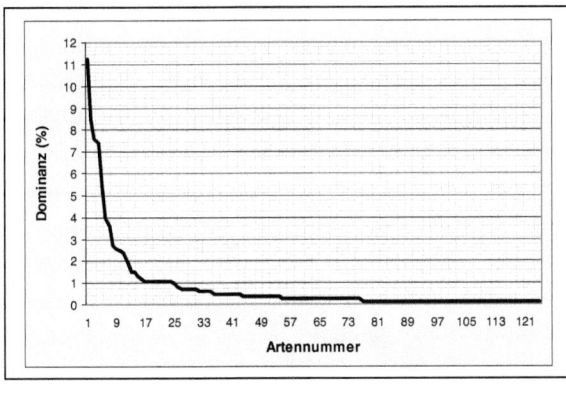

Abb. 4.1. Abundanz der nachgewiesenen Pilzarten auf den Untersuchungsflächen. Von 852 Pilzaufnahmen kommt die häufigste Art *Fomitopsis pinicola* zu 11.3 % vor, während 72 % aller Pilzarten nur bis zu 0.5 % vorkommen.

An der HTU wurden 68 holzbewohnende Pilzarten registriert, während an der DTU 70 und an der DTO 51 Pilzarten aufgenommen wurden. 10.6 % aller Arten kamen an allen der drei Standorttypen gemeinsam vor. 28 % aller nachgewiesenen Arten waren nur an der HTU zu finden, während 25 % ausschließlich an der DTU und 14.4 % an der DTO vorkamen. Die beiden Dunklen Taiga-Standorttypen hatten zwölf (9.1 %) Arten gemeinsam, während die DTU und die HTU elf (8.3 %) Arten und die DTO und die HTU nur sechs (4.5 %) Arten gemeinsam hatten (Abb. 4.2).
Für die einzelnen Standorttypen lag die Schwankungsbreite der an den einzelnen Transekten belegten Artenzahlen zwischen 12 und 40 Arten. Die Mittelwerte der in den Standorttypen ermittelten Artenzahlen schwankten zwischen 15 (DTO) und 26 (HTU).

Die Abundanz aller Arten je Transekt schwankte zwischen Standorttypen mit 20 und 93 erheblich. Auch in den einzelnen Transekten innerhalb der Standorttypen variierte die Abundanz der Pilzarten zwischen 38 und 93 in der HTU, 40 und 61 in der HTU und 20 und 47 in der DTO.

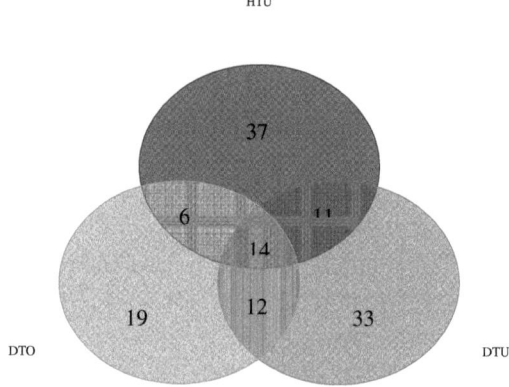

Abb. 4.2. Verteilung der Pilzarten in den verschiedenen Standorttypen. Von den gesamten 125 Pilzarten hatten die drei Standorttypen vierzehn gemeinsame Arten. Die Artenzahl war an der HTU 68, während die DTU 70 und die DTO 51 Arten hatten.

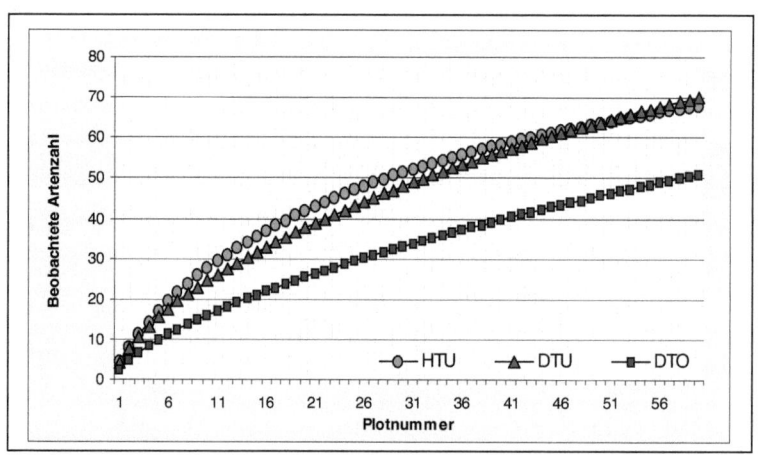

Abb. 4.3. Artenakkumalationskurven der beobachteten Arten in den Standorttypen HTU, DTU und DTO. Die Kurven zeigen, dass in den Standorttypen bezüglich Artenvielfalt keine Sättigung erreicht wurde.

Die Abbildung 4.3 zeigt die Artenakkumalationskurven, in denen die beobachtete kumulative Artenzahl gegen die aufgenommenen Plots dargestellt wurde. Die Kurven verlaufen für alle Standorttypen relativ gleichmäßig flach. Aus Abbildung 4.3 ist noch zu erkennen, dass die Kurve der HTU sich der Sättigung annähert, während für die beiden Dunklen Taiga-Standorttypen die Kurven weiterhin steigen. Die Auskunft, wie viele Pilzarten an den einzelnen Standorttypen pro Transekt noch zu erwarten sind, gibt die Abbildung 4.4. In der Abbildung wurde neben der beobachteten Artenzahl pro Transekt an den drei Standorttypen noch die erwartete Artenzahl veranschaulicht.

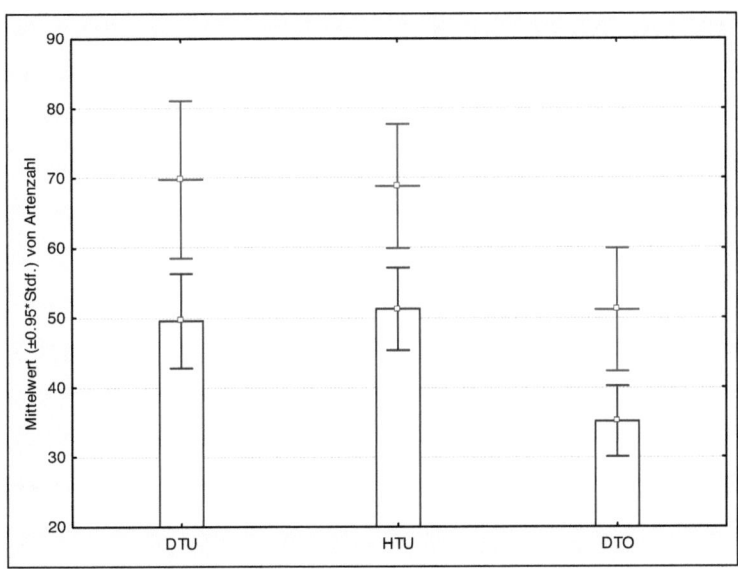

Abb. 4.4. Mittelwert (±0.95*Stdf.) der beobachteten Artenzahl (Balken) pro Transekt in den Standorttypen DTU, HTU und DTO. Zusätzlich wurden mit Jacknife - 1 berechnete Mittelwerte (±0.95*Stdf.) der erwarteten Artenzahl (Whisker) dargestellt.

In Abbildung 4.5 sind die Artenidentitäten für die drei Standorttypen auf Transektebene dargestellt. Beim dem Vergleich der Artenähnlichkeiten wiesen die Transekte T9 und T12 die geringste Ähnlichkeit zu allen anderen Transekten auf. Die größten Ähnlichkeiten wiesen T15 und T17 auf, die sich wiederum mit T13, T14 und T16 am meisten ähnelten. Das sind alle die Transekte der DTO. Dieser Gruppe schlossen sich nach und nach die Transekte der DTU T2, T5 und T6 an, die zu der DTU gehören. Einschließlich der nächstliegenden Transekte wie T18, T4 und T1 ließ sich eine Gruppe mit einer Ähnlichkeit von ca. 60 % von den übrigen Transekten abtrennen, nämlich die

Gruppe der Dunklen Taiga. Eine Ausnahme war das T3 der DTU, das den Transekten der Hellen Taiga zugeordnet war.

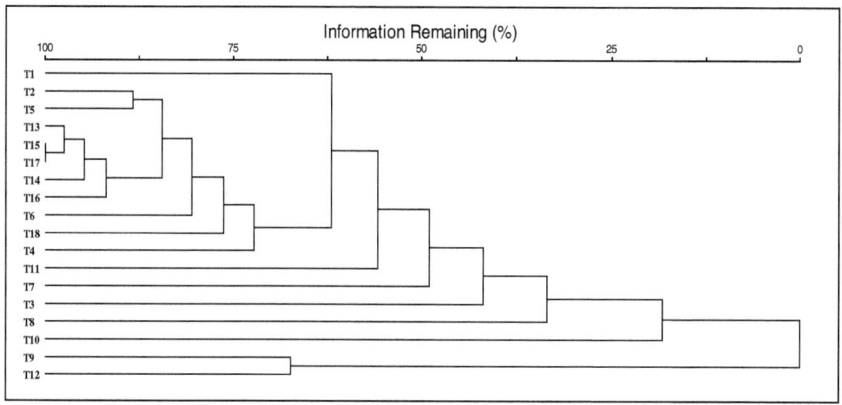

Abb. 4.5. Dendrogramm der Transekte (T) einzelner Standorttypen bezüglich der Artenähnlichkeit. Die T1-T6 gehören zu der DTU, die Transekte T7-T12 zu der HTU und die Transekte T13-T18 zu der DTO. Prozent der Kettung: 79.79 %.

Durch Untersuchung zur Ermittlung charakteristischer Indikatortaxen für die untersuchten Standorttypen wurde für vierzehn bzw. elf Prozent der Arten auf den Untersuchungsflächen eine Indikatorfunktion nachgewiesen. Zehn Arten davon assoziierten mit der HTU, während an der DTO keiner der Taxa einen Indikatorwert erzielte. Die Arten *Laurilia sulcata*, *Phellinus chrysoloma*, *Stereum sanguinolentum* und *Trichaptum abietinum* erreichen einen signifikanten Indikatorwert an der DTU. Die ausgewählten Indikatorarten erzielen einen Indikatorwert zwischen 52 % und 100 % (Tab. 4.1).

4.1.1. Pilzbesiedlung stehender und liegender Bäume bzw. Totholz

Die Pilzbesiedlung an den verschiedenen Standorttypen wurde nach stehenden und liegenden Bäumen und Totholzobjekten getrennt berücksichtigt. Dabei wurde die Hypothese „Liegende Stämme und Stümpfe werden mehr mit Pilzen besiedelt als lebende Bäume und stehendes Totholz" geprüft. Nach dem Mann-Whitney-U-Test wurden in allen untersuchten Standorttypen signifikante Unterschiede bei der Pilzbesiedlung zwischen den stehenden und liegenden Bäumen und Totholzobjekten nachgewiesen ($p \leq 0.01$). Somit wurde die Hypothese bestätigt. Es wurde beobachtet, dass 83 % der aufgenommenen Pilzarten ausschließlich liegende Stämme und Stümpfe bewohnen, während nur die Arten *Laricifomes officinalis* und *Spongipellis spumeus* ausschließlich stehende Bäume besiedeln. Auf liegendem Stämmen und Stümpfen wurden 123 holzbewohnende Pilzarten registriert, während auf lebenden Bäumen und stehendem Totholz 23 Pilzarten gefunden wurden. 19 Pilzarten wurden sowohl auf stehenden als auch auf liegenden Bäumen und Totholzobjekten gefunden (Tab. 4.3).

Tab. 4.1. Indikatorarten für die Standorttypen HTU, DTU und DTO.

	N	Prozent der perfekten Indikation (%)			MW±Stdf.	p*
		HTU	DTU	DTO		
Cerrena unicolor	8	58*	2	0	0.4±0.2	0.0480
Daedeolopsis tricolor	9	74*	2	0	0.5±0.2	0.0080
Fomes fomentarius	72	74*	26	0	4.0±0.1	0.0020
Gloeoporus dichrous	9	52*	2	2	0.5±0.2	0.0190
Laurilia sulcata	21	7	71*	5	1.2±0.3	0.0040
Lentinus strigosus	10	83*	0	0	0.6±0.3	0.0030
Neolentinus lepideus	63	100*	0	0	3.5±1.6	0.0020
Phellinus chrysoloma	31	3	90*	0	1.7±0.5	0.0010
Pleurotus cornocopiae	9	67*	0	0	0.5±0.3	0.0130
Plicaturopsis crispa	4	67*	0	0	0.2±0.1	0.0190
Schizophyllum commune	23	69*	3	3	1.3±0.6	0.0130
Stereum sanguinolentum	34	1	56*	24	1.9±0.4	0.0510
Trichaptum abietinum	65	0	52*	48	3.6±0.8	0.0530
Trichaptum biforme	17	94*	1	0	0.9±0.3	0.0020

Die Abundanz, Prozente der perfekten Indikation für die Standorttypen sowie Mittelwerte und Standardfehler der Pilzbesiedlung auf 18 Transekten.
* Nach dem Monte Carlo Test (Nur statistisch signifikante Arten sind gelistet).

4.1.1.1. Lebende Bäume und stehendes Totholz

In den drei Standorttypen wurden nach der Winkelzählprobe insgesamt 4412 lebende Bäume und stehendes Totholz erfasst (Tab. 4.2). In Bezug auf die Pilzbesiedlung unterschieden sich die lebenden Bäumen und stehendes Totholz in den drei untersuchten Standorttypen signifikant voneinander (Kruskal-Wallis Test, $p \leq 0.05$). Es gab einen signifikanten Unterschied zwischen den beiden Dunklen Taiga-Standorttypen (Mann-Whitney-U-Test, $p \leq 0.05$) und zwar die DTU hatte signifikant mehr Pilzbesiedlung als die DTO.

4.1.1.2. Liegende Stämme und Stümpfe

In den gesamten 180 Plots wurden insgesamt 1066 Stämme und Stümpfe mit einem Durchmesser von über 21 cm aufgenommen. Die DTU war mit 446 Stämmen und Stümpfen am totholzreichsten. In diesem Wald wurden bei 35.2 % des Bestandes holzbewohnende Pilze nachgewiesen. An der HTU wurden 344 Totholz und Stümpfe aufgenommen und 46.2 % davon waren von Pilzen bewohnt. Damit war sie im Vergleich mit den anderen Standorttypen der am meisten von Pilzen besiedelte Bestand (Tab. 4.2).

Tab. 4.2. Anzahl der aufgenommenen Bäume und Totholzobjekte in den Standorttypen DTU, HTU und DTO und Anteil der Pilzbesiedlung.

Stehend		DTU	HTU	DTO	Gesamt
	Gesamt	1362	1024	2026	4412
	Mit Pilzbesiedlung (%)	2.1	4.3	1.0	**2.1**
Liegend					
	Gesamt	446	344	276	1066
	Mit Pilzbesiedlung (%)	35.2	46.2	35.9	**38.9**

Tab. 4.3. Pilzarten, die in HTU, DTU und DTO sowohl stehende als auch liegende Bäume und Totholzobjekte besiedeln.

Pilzarten	S	L	Pilzarten	S	L
Fomes fomentarius	24	48	*Phaeolus schweinizii*	3	2
Fomitopsis pinicola	11	85	*Phellinus igniarus*	3	4
Trichaptum fuscoviolaceum	3	43	*Porodaedalea pini*	3	3
Stereum sanguinolentum	2	28	*Piptoporus betulinus*	1	2
Trichaptum laricinum	3	19	*Pleurotus cornucopiae*	3	6
Trichaptum abietinum	9	56	*Cerrena unicolor*	2	6
Trichaptum biforme	2	15	*Inonotus obliquus*	2	2
Phellinus chrysoloma	12	19	*Irpex lacteus*	2	7
Daldinia concentrica	9	1	*Bjercandera adusta*	1	5
Laetiporus sulphureus	4	5			

S – Anzahl der Aufnahmen auf lebenden Bäumen und stehendem Totholz
L – Anzahl der Aufnahmen auf liegenden Stämmen und Stümpfen.

In Bezug auf Pilzbesiedlung gab es bei liegenden Stämmen und Stümpfen zwischen den untersuchten Standorttypen einen signifikanten Unterschied (Kruskal-Wallis Test, p≤0.05). Nach dem Mann-Whitney-U-Test hatte die HTU signifikant mehr Pilzbesiedlung als die DTO und DTU (p≤0.05).

4.1.2. Artenvielfalt, Abundanz und Artenzusammensetzung holzbewohnender Pilze

In Bezug auf die Artenzahl (Kruskal-Wallis Test, p=0.77) und die Abundanz (Kruskal-Wallis-Test, p=0.30) gab es keine signifikanten Unterschiede zwischen den stehenden Bäumen und das Totholz in den drei untersuchten Standorttypen. Bei den liegenden Beständen unterscheiden sie sich jedoch zwischen den Standorttypen signifikant (Abb. 4.6). Nach dem Mann-Whitney-U-Test unterschied sich die DTO bezüglich der Artenzahl von den anderen beiden Standorttypen signifikant (p≤0.05) und bezüglich der Pilzabundanz von der DTU (p≤0.01).

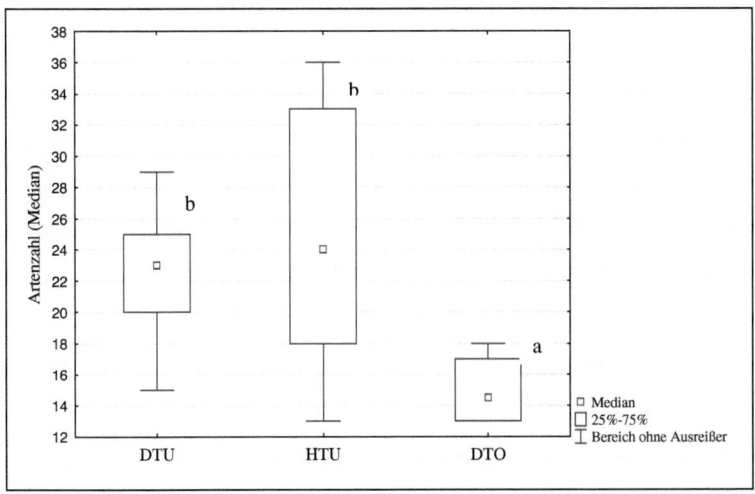

Abb. 4.6. Mittlere Artenzahl der Transekt in der DTU (n=69), HTU (n=63) und in der DTO (n=49) (oben) sowie mittlere Pilzabundanz der Transekt in der DTU (n=281), HTU (n= 310) und in der DTO (n=161) bei liegenden Beständen (unten). Unterschiedliche Buchstaben zeigen signifikante Unterschiede.

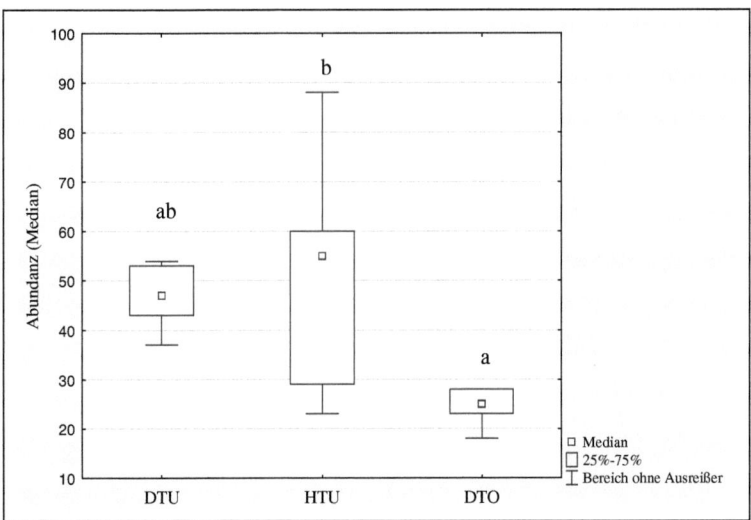

Die Abbildung 4.7 zeigt die Ergebnisse einer multidimensionalen Skalierung der Pilzartenzusammensetzung in den Standorttypen HTU, DTU und DTO. Die beiden Dunklen Taiga-Standorttypen stehen in Bezug auf die Artenzusammensetzung näher beieinander. Die HTU steht von den beiden Dunklen Taiga-Standorttypen in einem weiten Abstand, ähnelt aber bezüglich ihrer Pilzflora eher der DTU.

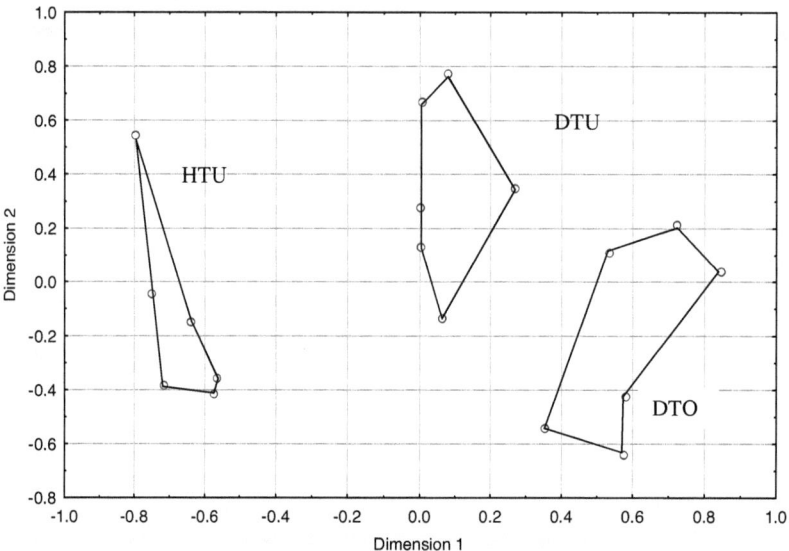

Abb. 4.7. Multidimensionale Skalierung der Pilzartenzusammensetzung aus 18 Transekten (à sechs Transekte) in den Standorttypen HTU, DTU und DTO. S-Stress: 0.08, D.A.F.: 0.96, Kongruenzkoeffizient: 0.98.

Die Ergebnisse der Umweltfaktorenanalyse in den Standorttypen HTU, DTU und TDO wurden in Abb. 4.8 veranschaulicht. Die erste Achse hatte einen Eigenwert von 0.64, das zweite 0.40 und das dritte 0.29. Alle Achsen zeigten sich nach dem Monte-Carlo-Test von 1000 Permutationen eine statistische Signifikanz ($p \leq 0.001$) sowohl bei den Eigenwerten als auch bei den Arten–Umweltfaktoren-Korrelationen. Von den fünf Umweltvariablen wie Meereshöhe, Exposition, Hangneigung, topographische Position und Anteil der Nadelbäume belegten die Analyseergebnisse eine signifikante Korrelation (Monte-Carlo-Test: $p \leq 0.001$) mit drei Variablen. Dabei wurden negative Korrelationen mit dem Anteil der Nadelbäume (-0.92) und der Meereshöhe (-0.67) und eine positive Korrelation mit der Hangneigung (0.63) hervorgehoben. Die Achse 1 und Achse 3, mit denen die stärksten Korrelationen nachgewiesen wurden, werden hier gezeigt.

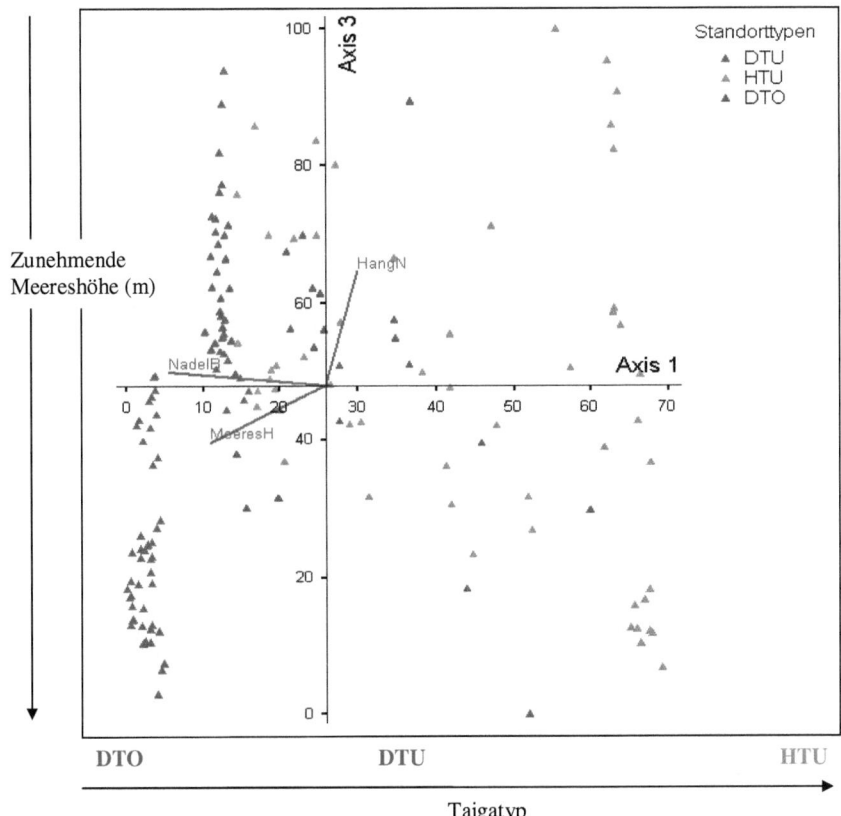

Abb. 4.8. CCA Ordination der Plots hinsichtlich der Umweltvariablen. Aus der Abbildung kann man einen Taigatyp-Gradienten entlang des x-Achse und einen Höhengradienten entlang des y-Achse ablesen. Gesamtvarianz: 25.54. Signifikanz der Korrelation: p≤0.001.

Die mit der Achse 1 assoziierten und für die zunehmende Meereshöhe charakteristischen Arten waren *Antrodia xantha, Tyromyces* sp., *Coniophora arida, Asterostroma* sp., *Pycnoporus cinnabarinus, Exidia saccharina, Leptoporus* cf. *mollis, Hyphodontia breviseta, Phellopilus nigrolimitatus, Leucogyrophana* sp., *Serpula himantioides, Phaeolus schweinitzii* und *Laricifomes officinalis* (Abb. 4.9). Diese Arten werden alle der DTO zugeordnet. Die weiteren mit Achse 1 verbundenen und somit für die Nadelbäume charakteristischen Arten waren *Hyphodontia alutaria, Hymenochaete cruenta, Trichaptum fuscoviolaceum, Stereum sanguinolentum, Coniophora olivacea, Pycnoporellus fulgens, Dichomitus squalens, Amylocorticiellum cremeoisabellinum, Laurilia sulcata, Trechispora mollusca, Gloeophyllum abietinum, Aleurodiscus amorphus,*

Phlebiopsis gigantea, Peniophorella pubera, Hyphodontia spathulata, Phellinus ferruginosus, Tremella foliacea, Hyphodontia curvispora, Hyphodontia pallidula und einige unbestimmte Pilzarten. Die mit Nadelbäumen verbundenen Arten stammen in der Regel aus der DTU. Wenige Arten aus der HTU und der DTO waren auch vertreten.

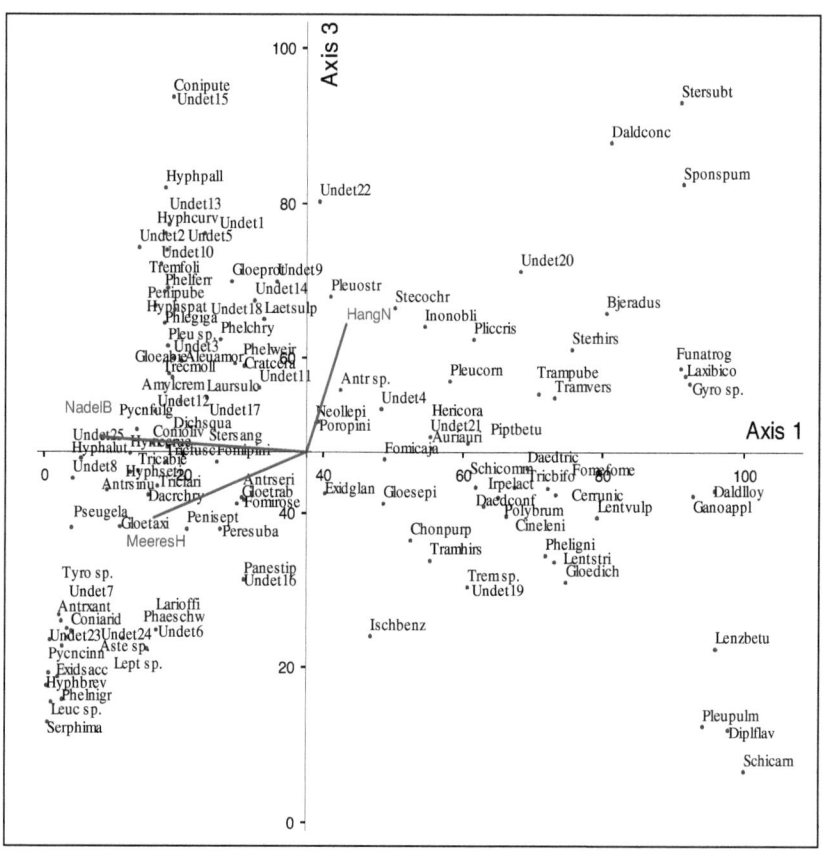

Abb. 4.9. CCA Ordination der Pilzarten hinsichtlich der Umweltvariablen. Gesamtvarianz: 25.54. Signifikanz der Korrelation: $p \leq 0.001$. Bei der Darstellung wurden die Pilznamen gekürzt und die unbestimmten Arten mit Undet+Pilznummer gekennzeichnet.
Für vollständige Pilznamen siehe Anhang 2.

Mit der Achse 3 und die mit zunehmender Hangneigung assoziierten Arten waren *Stereum subtomentosum, Daldinia concentrica, Spongipellis spumeus, Bjerkandera adusta, Stereum hirsutum, Funalia trogii, Laxitextum bicolor, Pleurotus ostreatus, Steccherinum ochraceum,*

Inonotus obliques, *Plicaturopsis crispa* und eine *Gyromitra* sp. Diese Arten gehören hauptsächlich der HTU an (Abb. 4.9).

4.1.3. Verteilung der holzbewohnenden Pilze an den verschiedenen Baumarten

Die Baumarten Birke (*Betula platyphylla*), Lärche (*Larix sibirica*), Zitterpappel (*Populus tremula*), Zirbelkiefer (*Pinus sibirica*), Tanne (*Abies sibirica*) und Fichte (*Picea obovata*) wurden hinsichtlich ihrer Pilzbesiedlung und Pilzflora charakterisiert.

Tab. 4.4. Anzahl der aufgenommenen Baumarten in den Taiga-Standorttypen und Anteil der Pilzbesiedlung.

		Birke	Pappel	Zirbelkiefer	Tanne	Fichte	Lärche
Stehend	Gesamt (N)	794	73	1343	939	768	434
	Pilzbesiedlung (%)	5.3	1.4	0.6	1.3	2.1	3.5
Liegend	Gesamt (N)	91	53	250	92	260	306
	Pilzbesiedlung (%)	63.7	49.1	32.4	50.0	33.5	37.6

Die aufgenommenen Baumarten wurden nicht gleichmäßig von Pilzen besiedelt. Die Birke war unter den Baumarten die am meisten von Pilzen besiedelte Baumart, während die Pilzbesiedlung bei der Zirbelkiefer am geringsten war (Tab. 4.4).

Tab. 4.5. Gesamte Artenzahl* und Abundanz der Pilze sowie Artenzahl pro Substrat bei den aufgenommenen Baumarten.

	Birke	Pappel	Zirbelkiefer	Tanne	Fichte	Lärche
Gesamte Artenzahl	40 (59)*	18	41	24	40	31 (48)*
Abundanz	224	57	125	102	174	164
Zahl der Arten, die nur an dieser Baumart gefunden wurden	29	3	11	8	17	10
Durchschn. Artenzahl pro Substrat	3.0	2.2	1.5	2.0	1.8	1.3
Max. Artenzahl pro Substrat	15	4	5	5	4	5

* In Klammern die gesamte Artenzahl an den Birken und Lärchen in den untersuchten Standorttypen einschließlich in den durch Waldbrände beeinflussten Wäldern.

Die Baumarten wurden auch von einer unterschiedlichen Anzahl von Pilzarten bewohnt. Die Artenzahl an den einzelnen Baumarten schwankte in den untersuchten Standorttypen zwischen 18 und 41. Mit 41 Pilzarten bewohnt, war die Zirbelkiefer eine von drei Baumarten mit der größten Vielfalt an Pilzen, obwohl nur ein geringer Anteil von ihnen von Pilzen besiedelt wurde (Tab. 4.4).

Tab. 4.6. Pilzarten, die an mehr als zwei Baumarten fruktifizieren.

Pilzarten	Vorkommen der Pilzarten						Zahl der besiedelten Baumart
	Birke	Pappel	Zirbelkiefer	Tanne	Fichte	Lärche	
Antrodia seriales			1	3			2
Antrodia sinuosa				1	1		2
Bjerkandera adusta	4	2					2
Coniophora olivacea			1		5		2
Craterocolla cerasi				2	1		2
Dacrymyces chrysospermus			3	6	10	2	4
Daldinia concentrica	9	1					2
Dichomitus squalens				1	3		2
Fomitopsis pinicola	8	4	27	5	40	12	6
Fomitopsis rosea			2	1	4	4	4
Ganoderma applanatum	1	3					2
Gloeophyllum sepiarium		8	1	2		2	4
Gloeophyllum trabeum		1	1			2	3
Gloeoporus dichrous	6	2				1	3
Gloeoporus taxicola			1		1		2
Hyphoderma setigerum				2	1		2
Ischnoderma benzoinum			1			2	2
Laetiporus sulphureus			3			6	2
Laricifomes officinalis			1			2	2
Laurilia sulcata			7		5	8	3
Lentinellus cf. *vulpinus.*	1	4					2
Lentinus strigosus	8	2					2
Perenniporia subacida			2	1	3		3
Phaeolus schweinizii			4			1	2
Phellinus chrysoloma			2		18	11	3
Phellinus weirii			2		4	7	3
Phlebiopsis gigantea			1		1		2
Porodaedalea pini			1			5	2
Pseudohydnum gelatinosum			1	1			2
Pycnoporellus fulgens			1		2		2
Schizophyllum commune	8	12		2	1		4
Stereum sanguinolentum			7	12	9	2	4
Trametes hirsuta	5			1			2
Trametes pubescens	2	2					2
Trametes versicolor	2	7					2
Trichaptum abietinum			16	22	27		3
Trichaptum fuscoviolaceum			5	20	10	11	4
Trichaptum laricinum			9	3	2	8	4
Undet1			1		1	1	3
Undet2			2			1	2
Undet5			1			1	2
Undet6			1		1		2
Undet7			1		1		2
Artenzahl (N=43)	11	13	30	15	23	20	
Abundanz (N=112)	54	49	109	81	151	89	

43 (34 %) Pilzarten von insgesamt 125 in den untersuchten Standorttypen nachgewiesenen Pilzarten kommen an mehr als zwei Baumarten vor. *Fomitopsis pinicola* wurden an allen aufgenommenen

Baumarten nachgewiesen. Weitere sieben Arten haben ein Wirtsspektrum von jeweils vier Baumarten (Tab. 4.6). Die Arten, die nur an einer Baumart gefunden wurden, wurden nach Baumarten abgesondert in Anhang 3-8 gezeigt.

In Tabelle 4.7 werden einige Arten gezeigt, die an den beiden Dunklen Taiga-Standorttypen gemeinsam vorkommen. *Laurilia sulcata, Phellinus chrysoloma* und *Phellinus weirii* kommen in den Standorttypen, die tiefer liegen häufiger vor. Bei *Dacrymyces chrysospermus* und *Trichaptum laricinum* sieht es eher danach aus, dass sie Standorttypen mit höherer Lage bevorzugen.

Tab. 4.7. Verteilung (%) einiger Pilzarten in den Standorttypen mit verschiedener Höhenlage.

Pilzarten*	DTU (%)	DTO (%)
Dacrymyces chrysospermus	2.2	3.7
Fomitopsis pinicola	10.2	9.5
Fomitopsis rosea	1.2	1.5
Laurilia sulcata	3.4	1.1
Phellinus chrysoloma	3.9	0.0
Phellinus weirii	2.0	0.0
Stereum sanguinolentum	4.1	3.7
Trichaptum abietinum	7.8	8.8
Trichaptum fuscoviolaceum	5.1	5.9
Trichaptum laricinum	1.7	3.3

* Die Arten, die mindestens auf zehn Substraten angetroffen sind.

Die Anzahl der Pilzarten pro Baum unterschied sich bei den einzelnen Baumarten. Auf stehenden Bäumen war die Artenzahl unabhängig von der Baumart höchstens zwei. Bei 76 % der stehenden Birken kam eine Pilzart pro Baum vor. Bei allen anderen Baumarten war der Anteil der stehenden Bäume mit nur einer Pilzart 93-100 %. Bei liegenden Beständen wurden durchschnittlich 50 % liegender Stämme und Stümpfe der untersuchten Baumarten von einer Pilzart und 28 % von zwei Pilzarten besiedelt. Die Abb. 4.10 zeigt die Anzahl der Pilzarten pro liegender Stamm bzw. Stumpf einzelner Baumarten.

Die Totholzeigenschaften von verschiedenen Baumarten wurden hinsichtlich der Pilzbesiedlung verglichen. Es wurde verglichen, ob es beispielsweise signifikant mehr Birken mit einem BHD von 21-40 cm mit Pilzbesiedlung gibt als Birken mit einem BHD von 21-40 cm ohne Pilzbesiedlung, um zu sehen, ob diese Eigenschaft von Pilzen bevorzugt besiedelt werden oder nicht. In Tabelle 4.8 sind die Ergebnisse des Vergleiches von Totholzeigenschaften bei den Bäumen mit und ohne Pilzbesiedlung dargestellt. Aus der Tabelle kann man erkennen, dass bei dem liegenden Bestand der Zersetzungsgrad eine wichtige Rolle für die Pilzbesiedlung spielt. Bei vier Baumarten von allen sechs untersuchten Baumarten gab es signifikant mehr mittelmäßig zersetzte Substrate mit

Pilzbesiedlung als mittelmäßig zersetzte Substrate ohne Pilzbesiedlung. Es gibt signifikant mehr liegende Stämme von Birken und Zirbelkiefern als liegende Birken- und Zirbelkieferstämme ohne Pilzbesiedlung. Die Zirbelkieferstümpfe ohne Pilzbesiedlung ist dagegen signifikant weniger als Zirbelkieferstümpfe mit Pilzbesiedlung (Tab. 4.8).

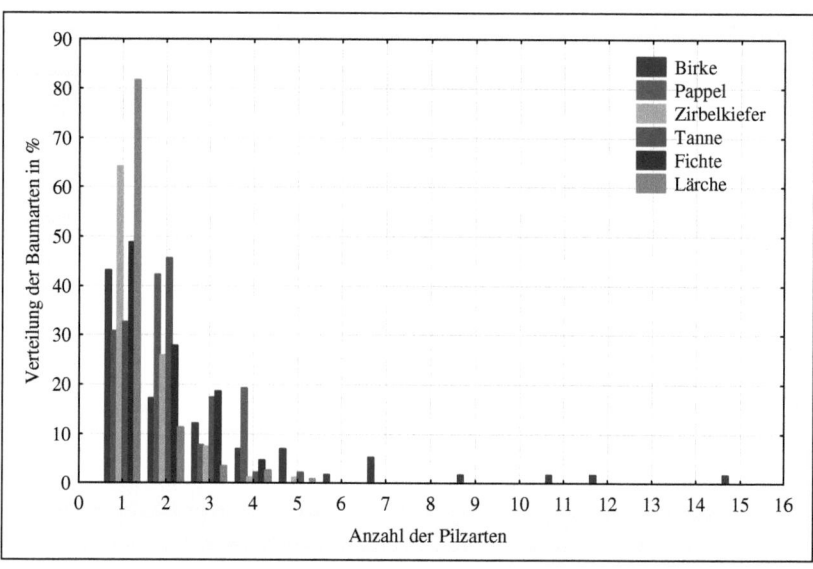

Abb. 4.10. Anzahl der Pilzarten pro Substrat bei liegendem Bestand. Alle Baumarten außer Birke hatten maximal fünf Pilzarten pro Substrat, während bei 14 % der Birken eine einzige Birke von sechs bis 15 Pilzarten besiedelt war.

4.1.3.1. Mandschurische Birke (*Betula platyphylla*)

Die Birke war das bevorzugte Substrat holzbewohnender Pilze (Tab. 4.4). Im Vergleich mit den anderen Baumarten hatte sie auf den stehenden Substraten 1.5-8.8mal mehr und auf den liegenden 1.3-2.0mal mehr Pilzbesiedlung. Auch die Anzahl der Arten pro Substrat war bei der Birke mit 15 verschiedenen Pilzarten mindestens dreimal so hoch wie bei den anderen Baumarten (Tab. 4.5). Es waren signifikant mehr mittelmäßig zersetzte liegende Birkenstämme mit Pilzbesiedlung als mittelmäßig zersetzte liegende Birkenstämme ohne Pilzbesiedlung. Bei allen anderen Eigenschaften konnten keine signifikanten Unterschiede zwischen den Substraten mit und ohne Pilzbesiedlung nachgewiesen werden (Tab. 4.8).

Abb. 4.11. Eine stehende tote Birke mit *Fomes fomentarius* und *Pleurotus cornucopiae*.

Insgesamt wurden an den HTU, DTU und DTO 40 Pilzarten auf den Birken registriert (Im gesamten Untersuchungsflächen einschließlich der durch Waldbrände beeinflussten Wälder wurden 59 Pilzarten an den Birken nachgewiesen). Neunundzwanzig Pilzarten kamen ausschließlich an Birken vor. Alle Arten außer *Spongipellis spumeus* wurden auf liegenden Birken registriert. Zehn Arten bzw. 25 % aller Arten an Birken wurden sowohl auf liegenden als auch auf stehenden Birken angetroffen (Anhang 3).

Tab. 4.8. Vergleich der Totholzeigenschaften mit und ohne Pilz bei verschiedenen Baumarten (Angegeben sind die Signifikanzwerte).

	Totholzeigenschaften	Birke	Pappel	Zirbelkiefer	Tanne	Fichte	Lärche
Durchmesserklasse	21-40 cm	0.07	0.67	0.71	0.83	0.47	0.76
	41-50 cm	0.92	0.25	0.71	0.66	0.05*	0.25
	51-60 cm	0.75	0.89	0.40	0.72	0.09	0.76
	61-70 cm		0.67		0.83	0.20	0.54
	71-80 cm				0.64	0.69	0.22
	≥81 cm				0.92		0.60
Holzstruktur	Stumpf	0.13	0.31	0.03*	0.22	0.94	0.16
	Stamm	0.01**	0.31	0.03*	0.22	0.94	0.16
	Umgefallen	0.23	0.47	0.96	0.12	0.42	0.89
	Abgesägt	0.87	0.47	0.96	0.12	0.42	0.89
Zersetzung	Nicht zersetzt	0.67	0.89	0.04*	0.05	0.01**	0.72
	Gering zersetzt	0.49	1.00	0.01**	0.57	0.75	0.25
	Mittel zersetzt	0.03*	0.77	0.01**	0.01**	0.02*	0.06
	Stark zersetzt	0.79	0.67	0.04*	0.12	0.94	0.02*

Sternchen zeigen signifikante Unterschiede (Mann-Whitney-U-Test). Helles Sternchen (*) bedeutet eine bevorzugte Pilzbesiedlung der betreffende Eigenschaft, während dunkles Sternchen (*) zeigt, dass die betreffende Holzeigenschaft eher nicht von Pilzen besiedelt wird.

4.1.3.2. Sibirische Lärche (*Larix sibirica*)

Stehende Lärchen waren in den untersuchten Standorttypen unter den Nadelbäumen die von Pilzen am meisten besiedelte Baumart (Tab.4.4). 83 % der Lärchen mit Pilzbesiedlung wurden von nur einer Pilzart besiedelt. Bei ca. 6 % der Lärchen konnten drei bis fünf Pilzarten pro Baum nachgewiesen werden.

Beim Vergleich der Totholzeigenschaften der liegenden Lärchen mit und ohne Pilz wurde keiner der untersuchten Eigenschaften von Pilzen bevorzugt besiedelt. Es wurde aber ein signifikanter Unterscheid zwischen den liegenden stark zersetzten Lärchen mit und ohne Pilz nachgewiesen, deren Ergebnis allerdings darauf hindeutet, dass diese Eigenschaft von Pilzen eher nicht genutzt wird (Tab. 4.8). Die Pilzbesiedlung bei den Lärchen stieg bis BHD von 41-50 cm regelmäßig und nahm dann wieder allmählich ab. Eine Besonderheit war es, dass Lärchenstümpfe fast gleich viel wie liegende Lärchenstämme von Pilzen besiedelt waren, was bei den anderen Baumarten nicht der Fall war. Die Pilzart *Neolentinus lepideus* hat allein die Rate der Pilzbesiedlung bei den Lärchenstümpfen sehr stark erhöht. An den Lärchen konnten in den HTU, DTU und DTO insgesamt 31 Pilzarten nachgewiesen werden, wovon zehn Arten nur an ihr auftraten (Im gesamten Untersuchungsflächen einschließlich der durch Waldbrände beeinflussten Wälder wurden 48 Pilzarten an den Lärchen gefunden). Die *Laricifomes officinalis* wurde ausschließlich auf stehenden Lärchen registriert. *Fomitopsis pinicola, Phellinus chrysoloma, Trichaptum laricinum, Laetoporus sulphureus, Prodaedalea pini* und *Phaeolus schweinizii* bilden sowohl auf stehenden als auch auf liegenden Lärchen Fruchtkörper. Die Liste der Pilzarten auf Lärchen ist nach Standorttypen klassifiziert und in Anhang 5 aufgezeigt.

4.1.3.3. Zitterpappel (*Populus tremula*)

Auf den untersuchten Transekten wurden nur 126 Pappeln gezählt. Trotzdem wurden an den Pappeln 18 Pilzarten registriert. Drei Arten kamen nur an Pappeln vor. Beim Vergleich der Totholzeigenschaften der liegenden Pappeln mit und ohne Pilz waren keine der untersuchten Eigenschaften von Pilzen bevorzugt besiedelt. Die Liste der an Pappeln nachgewiesenen Pilzarten ist in Anhang 4 gezeigt. Alle Arten außer *Daldinia concentrica* waren dabei auf liegenden Pappeln zu finden.

4.1.3.4. Zirbelkiefer (*Pinus sibirica*)

Die beim stehenden Bestand am häufigsten aufgenommene Baumart war die Zirbelkiefer mit 1343 Individuen. Davon waren jedoch nur 0.6 % von Pilzen bewohnt (Tab. 4.4). Das Ergebnis des Vergleiches der Totholzeigen-schaften der liegenden Zirbelkiefern mit und ohne Pilzbesiedlung zeigt, dass es signifikant mehr gering bis mittelmäßig zersetzte Stämme mit Pilzbesiedlung gibt als ohne. Bei den anderen untersuchten Eigenschaften gab es keine signifikanten Unterschiede zwischen den Substarten mit und ohne Pilzbesiedlung (Tab. 4.8).

Abb. 4.12. *Phaeolus schweinitzii*, ein parasitischer Pilz an einer lebenden *Pinus sibirica*.

An Zirbelkiefern wurden in den untersuchten Standorttypen insgesamt 41 Pilzarten nachgewiesen. Elf Arten kommen ausschließlich an Zirbelkiefern vor. Die *Porodaedalea pini* und *Laricifomes officinalis* wurden nur auf stehenden Zirbelkiefern registriert, während alle anderen nachgewiesenen Arten auf liegenden Zirbelkiefern anzutreffen waren. Folgende vier Pilzarten hatten sowohl auf stehenden als auch auf liegenden Zirbelkiefern ihre Fruchtkörper gebildet: *Fomitopsis pinicola, Phaeolus schweinizii, Phellinus chrysoloma* und *Trichaptum laricinum*. Die Liste der Pilzarten an Zirbelkiefern ist nach Standorttypen klassifiziert und im Anhang 6 aufgezeigt.

4.1.3.5. Sibirische Tanne (*Abies sibirica*)

Die liegende Tanne war unter den Nadelbaumarten mit 50 % die am meisten mit Pilzen bewohnte Baumart (Tab. 4.4). Beim Vergleich der Totholzeigenschaften der liegenden Tannen mit und ohne Pilzbesiedlung war unter allen untersuchten Eigenschaften nur beim mittelmäßig zersetzten Substrat mit und ohne Pilzbesiedlung ein signifikanter Unterschied (Tab. 4.8) zu beobachten. An den Tannen wurden in den untersuchten Standorttypen insgesamt 24 Pilzarten nachgewiesen, wovon acht Arten nur an ihr wachsen. Es wurde keine Pilzart gefunden, die ausschließlich auf stehenden Tannen vorkommt. *Fomitopsis pinicola, Stereum sanguinolentum, Trichaptum abietinum* und *Trichaptum fuscovioleceum* wurden sowohl auf liegenden als auch auf stehenden Birken angetroffen (Siehe Anhang 7).

4.1.3.6. Sibirische Fichte (*Picea obovata*)

An Fichten wurden 40 Pilzarten nachgewiesen. Siebzehn Arten davon kommen nur an Fichten vor. *Fomitopsis pinicola, Phellinus chrysoloma, Trichaptum abietinum* und *Trichaptum laricinum* wurden sowohl auf stehenden als auch auf liegenden Fichten registriert. Ausschließlich auf stehenden Fichten kommt keine Art vor (Anhang 8). Beim Vergleich der Totholzeigenschaften der liegenden Fichten mit und ohne Pilzbesiedlung war zwischen dem nicht und mittelmäßig zersetzten

Substrat mit und ohne Pilzbesiedlung sowie zwischen den Stämmen mit einem BHD von 41-50 cm mit und ohne Pilz ein signifikanter Unterschied nachzuweisen (Abb. 4.8). Jedoch wurden die mittelmäßig zersetzten Substrate von Pilzen bevorzugt besiedelt, während Substrate mit den beiden anderen Eigenschaften eher nicht besiedelt wurden. Die Liste der an Fichten nachgewiesenen Pilzarten ist nach Standorttypen klassifiziert im Anhang 9 dargestellt.

Bei den Baumarten, die an zwei und mehr Standorttypen vorkommen, wurde untersucht, ob sie in den Standorttypen mit verschiedener Höhenlage anders von Pilzen besiedelt werden. Die Zirbelkiefer werden fast doppelt so wenig besiedelt in höheren Standorttypen, während die Tannen und Fichten in den Standorttypen mit einer höheren Lage etwas mehr von Pilzen besiedelt werden als Standorttypen, die tiefer liegen (Tab. 4.9).

Tab. 4.9. Anteil der Pilzbesiedlung bei den Baumarten in den Standorttypen mit verschiedener Höhenlage.

	Birke (%)	Zirbelkiefer (%)	Tanne (%)	Fichte (%)	Lärche (%)
HTU (912-1065 m ü. NHN)*	63.6	-	-	-	40.4
DTU (1062-1221 m ü. NHN)	62.5	50.0	35.3	33.1	29.6
DTO (1451-1603 m ü. NHN)	-	28.6	58.6	44.4	50.0

* Meter über Normalhöhennull.

4.1.4. Substratansprüche häufig gefundener Pilzarten

Die Arten *Fomes fomentarius, Fomitopsis pinicola, Neolentinus lepideus, Phellinus chrysoloma, Schizophyllum commune, Stereum sanguinolentum, Trichaptum abietinum, Trichaptum fuscovioleceum* und *Trichaptum laricinum,* die gemeinsam 53 % aller Aufnahmen in den drei Standorttypen ausmachen, werden hinsichtlich ihrer Substratansprüche etwas näher beschrieben. Die häufigste Art war unter diesen Pilzen die *Fomitopsis pinicola* mit 96 Aufnahmen (11.3 % der gesamten Aufnahmen) und die seltenste unter hier behandelten Pilzen war die *Trichaptum laricinum* mit 22 Aufnahmen (2.6 %). Die *Neolentinus lepideus* war auf Transektebene am wenigsten verbreitete Art, während *Fomitopsis pinicola* und *Trichaptum fuscovioleceum* jeweils auf 17 Transekten nachgewiesen wurden (Tab. 4.10).

Die Abb. 4.13 zeigt wie die liegenden Stämme und Stümpfe mit verschiedenem Zersetzungsgrad von den häufig gefundenen Pilzarten genutzt werden. Aus der Abbildung kann man sehen, dass stark zersetzte liegende Stämme und Stümpfe am häufigsten zur Verfügung stehen und 40% aller Aufnahmen ausmachen. Trotzdem werden sie von den häufig gefundenen Pilzarten kaum genutzt (Abb. 4.13). Sechs Pilzarten wurden auf mittelmäßig zersetzten Substraten am häufigsten gefunden. *Stereum sanguinolentum* und *Phellinus chrysoloma* wachsen auf gering zersetzten Substraten überproportional, obwohl halb so viel mittelmäßig und stark zersetzt Stämme und Stümpfe existieren. *Fomes fomentarius* nutzt entweder die nicht und/oder gering zersetzten Substrate oder stark zersetzten Substrate am meisten.

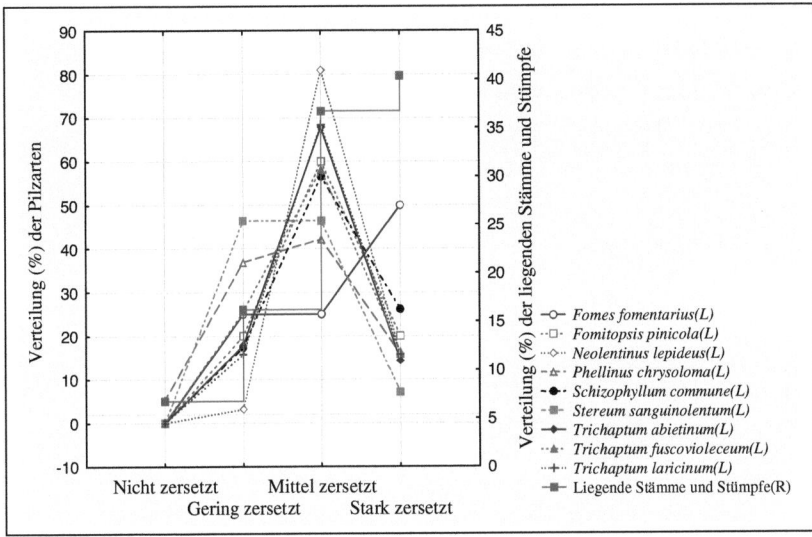

Abb. 4.13. Verteilung der häufig gefundenen Pilzarten auf liegenden Stämmen und Stümpfen mit verschiedenem Zersetzungsgrad.

Welche Durchmesserklassen, Baumtyp, Holzstruktur und Zersetzungsstadien von diesen häufigeren Arten jeweils bevorzugt besiedelt wurden und an welchen Baumarten die einzelnen Arten wachsen, wurden in Anhang 9 zusammengefasst. Im Folgenden werden die Arten hinsichtlich ihrer Fruchtkörperbildungsstellen und eventuelle Besonderheiten einzeln kurz charakterisiert.

Fomes fomentarius

Am Substrat bildete *Fomes fomentarius* bei der Hälfte aller Aufnahmen bis zu vier Individuen. Die Bildung von fünf bis fünfzehn Fruchtkörpern war relativ häufig. Bei 14 % aller Funde war das Substrat von dieser Art vollständig bedeckt. An den liegenden Stämmen war sie sowohl unten als auch oben sowie seitlich des Stammes gewachsen. Auf entrindeten Stellen und an Astansätzen wurde sie nicht beobachtet. 85 % aller Aufnahmen erfolgten auf liegenden Stämmen, die übrigen an Stümpfen.

Fomitopsis pinicola

Die *Fomitopsis pinicola* ist die häufigste Art im Untersuchungsgebiet und hatte ein weites Wirtsspektrum (Tab. 4.10). Bei ca. 80 Prozent aller Aufnahmen hat die Art bis zu vier Individuen gebildet. Bei 5 % aller Funde hatte sie das Substrat voll bedeckt. An Ästen bildete sie keine Fruchtkörper. Seitlich des liegenden Stammes war sie so oft zu beobachten wie auf der Unterseite des Stammes. Allerdings hatten die Stellen, wo die Fruchtkörper gebildet wurden, keinen Bodenkontakt. An der oberen Seite des Stammes wurde *Fomitopsis pinicola* selten gefunden. Die Fruchtkörperbildung war sowohl auf Rinden als auch auf entrindetem Substrat ausgeprägt.

Tab. 4.10. Auf den Untersuchungsflächen häufig gefundene Pilzarten.

	N	Rel. Ab. (%)	T*	MW±Stdf.	S (%)	L (%)	Wirtsspektrum
Fomes fomentarius	72	8.5	12	6.0±1.2	33.3	66.7	Bi
Fomitopsis pinicola	96	11.3	17	5.6±0.9	11.5	88.5	Bi, Fi, Lä, Pa,Ta, ZiK
Neolentinus lepideus	63	7.4	6	10.5±3.5	0.0	100.0	Lä
Phellinus chrysoloma	31	3.6	8	3.9±0.6	38.7	61.3	Fi, Lä, ZiK
Schizophyllum commune	23	2.7	9	2.6±1.1	0.0	100.0	Bi, Fi, Pa, Ta
Stereum sanguinolentum	34	4.0	11	3.1±0.5	6.7	93.3	Fi, Lä, Ta, ZiK
Trichaptum abietinum	65	7.6	12	5.4±0.8	13.8	86.2	Fi, Ta, ZiK
Trichaptum fuscovioleceum	46	5.4	17	2.7±0.4	6.5	93.5	Fi, Lä, Ta, ZiK
Trichaptum laricinum	22	2.6	10	2.2±0.4	13.6	86.4	Fi, Lä, Ta, ZiK

Rel.Ab. - relative Abundanz, T* - Vorhandensein auf 18 Transekten, MW±Stdf. - Mittelwerte und Standardfehler der Pilzbesiedlung von je sechs Transekten in den drei Stanorttypen, S - auf lebenden Bäumen und stehendes Totholz, L - auf liegenden Stämmen und Stümpfen, Bi - Birke, Fi - Fichte, Lä - Lärche, Pa - Pappel, Ta - Tanne, ZiK - Zirbelkiefer.

Neolentinus lepideus

Diese Art war in ihrem Vorkommen im Untersuchungsgebiet ausschließlich auf liegenden Lärchen beschränkt. Eine Besonderheit bei diesem Pilz war es, dass sie Stümpfe (83 %) von ihr mehr besiedelt waren als Stämme. Bei allen anderen hier behandelten Pilzen war es umgekehrt und es wurden 75-100 % der Aufnahmen auf Stämmen angetroffen (Anhang 9). Es wurde außerdem beobachtet, dass 92 % aller *Neolentinus lepideus*-Funde auf abgesägten Lärchen zu finden waren. Dementsprechend wurde sie mit 76 % an der Schnittfläche der Lärchenstümpfe beobachtet. Bei den 90 % der *Neolentinus lepideus* –Aufnahmen hatte der Pilz bis zu vier Individuen an einem Substrat gebildet.

Phellinus chrysoloma

Phellinus chrysoloma wurde auf Fichten, Lärchen und Zirbelkiefern gefunden (Tab. 4.10). Mit einem Anteil von ca. 20 % auf lebenden Bäumen konnte man erkennen, dass die Art eine parasitische Lebensweise verfolgt. Dass diese Art als einzige auf den nicht zersetzten Substraten gefunden wurde, deutet darauf hin, dass sie das Substrat schon vorher, wahrscheinlich als es noch am Leben war, besiedelt hatte und ihre Entwicklung im abgestorbenen Zustand des Substrates fortführt (Anhang 9). Wenn *Phellinus chrysoloma* einmal ihre Fruchtkörper bildete, bildete sie sie gleich in großen Mengen. So hatte sie bei 45 % aller Aufnahmen bis zu vier Fruchtkörper gebildet, während bei 52 % der Funde mehr als fünf Fruchtkörper auf einem Substrat gebildet wurden. Bei sieben Prozent der Aufnahmen war das Substrat von ihren Fruchtkörpern voll bedeckt. Eine Besonderheit war bei der *Phellinus chrysoloma* die Lage ihrer Fruchtkörperbildungen. Ihre Fruchtkörper wurden gleich häufig an Astansätzen gebildet wie auf Stämmen. Seitlich und an der Unterseite des Stammes ist offensichtlich ein bevorzugter Ort für die Fruchtkörperbildung, da dort die Mehrzahl der Fruchtkörper angetroffen wurde.

Schizophyllum commune

Schizophyllum commune wurde meistens auf Laubbäumen und selten auf Nadelbäumen nachgewiesen (Anhang 9). Bei 87 % aller Aufnahmen wurde *Schizophyllum commune* mit nur wenigen Individuen angetroffen. Ein von ihr voll bedecktes Substrat war nicht zu finden. Über 80 % der Funde waren an der Oberseite der Stämme zu entdecken, ein Hinweis dafür, dass die Art sonnige und trockene Stellen bevorzugt. Sie war an entrindetem Substrat genauso viel vorhanden wie an Stämmen mit intakten Rinden.

Abb. 4.14. *Phellinus chrysoloma* an der Astansatzstelle. Sie wird als Indikatorart für Wälder mit einem hohen Naturschutzwert betrachtet.

Stereum sanguinolentum

Stereum sanguinolentum wurde an allen zur Untersuchung aufgenommenen Nadelbäumen gefunden (Tab. 4.10) Bei 23 % aller Aufnahmen bildete sie auf dem Substrat kleine bis mittelgroße Flecken. In den meisten Fällen (74 %) bedeckte sie aber nur kleine Flächen. Sie ist sowohl auf entrindeten als auch auf Stämmen, Astansätzen und Ästen mit Rinde zu finden. Bevorzugt bildete sie aber ihre Fruchtkörper auf Stämmen mit Rinde. Seitlich des Stammes gedeihen sie am häufigsten mit 68 %. Es wurde beobachtet, dass die Unterseite des Stammes ohne Bodenkontakt für sie ebenfalls eine gute Fruchtkörperbildungsstelle ist.

Trichaptum abietinum

Trichaptum abietinum wurde in den Untersuchungsflächen auf allen untersuchten Nadelbäumen gefunden außer auf Lärchen (Anhang 9). Auf stehenden Substraten bedeckte sie in der Regel mittelgroße Flächen. Bei liegenden Stämmen und Stümpfen traf man sowohl Substrate mit wenigen Individuen von *Trichaptum abietinum* als auch Stellen, wo der Pilz in relativ großen Umfangen gediehen war. Bei ungefähr neun Prozent aller Aufnahmen hatte sie das Substrat voll bedeckt. Sie war an allen möglichen Teilen des Substrates zu finden, so auf Stämmen, Ästen und Astansätzen mit und ohne Rinde. Doch waren ihre Fruchtkörper auf Stämmen mit intakter Rinde am häufigsten (über 40 %) ausgebildet. Die meisten Individuen dieses Pilzes fand man in der Regel seitlich des Stammes und an der Unterseite des Substrates ohne Bodenkontakt. An der Oberseite des Stammes kam sie ebenfalls häufig vor, wenn auch nicht seltener.

Abb. 4.15. *Stereum sanguinolentum* auf einem liegenden Tannenstamm. Ihre Fruchtkörper sind meistens auf Stämmen mit Rinde von Nadelbäumen anzutreffen.

Trichaptum fuscovioleceum

Diese Pilzart wurde an allen untersuchten Nadelbäumen nachgewiesen. Tanne war die von ihr am meisten besiedelte Baumart mit 43 % (Anhang 9). Ihre Fruchtkörper wurden zu 60 % zerstreut auf dem Substrat gefunden, doch bedeckten sie bei ca. 30 % der Funde große Flächen. Selten wurden Substrate angetroffen, die von *Trichaptum fuscovioleceum* voll bedeckt waren. Sie fruktifizierte auf Stämmen, Ästen und Astansätzen mit und ohne Rinde sowie an allen Seiten des Stammes. Bevorzugt zeigte sie sich allerdings seitlich der Stämme mit Rinde. An der Unterseite des Stammes traf man sie aber genauso häufig an wie an der Oberseite des Substrates.

Trichaptum laricinum

Trichaptum laricinum wurde an allen untersuchten Nadelbäumen gefunden, wobei Zirbelkiefer und Lärche mit 41 % bzw. 36 % am häufigsten von ihr besiedelt waren (Anhang 9). Bei 58 % aller Aufnahmen kam sie an dem Substrat zerstreut vor. Bei 37 % aller Aufnahmen hatte der Pilz an mehr als fünf Stellen des Substrates ihre Fruchtkörper gebildet. Ein von dieser Art voll bedecktes Substrat war dagegen sehr selten. Stämme mit Rinde waren für diese Art optimale Besiedlungsstellen. An Ästen und Astansätzen wurde sie selten gefunden. Bei ca. 50 % der Aufnahmen bildete *Trichaptum laricinum* ihre Fruchtkörper seitlich des Stammes.

4.2. Die holzbewohnenden Pilze in den durch Waldbrände beeinflussten Wäldern

4.2.1. Einfluss der Waldbrände

In Abb. 4.16 wurde die Durchmesserverteilung stehender Birken und Lärchen in den untersuchten Wäldern gezeigt. Auffällig ist die etwas wenigere Beobachtungen stehender Lärchen mit einem BHD von 41-50 cm im Vergleich mit ihren Nachbarklassen in den Wäldern F2002, F2007 und im Kontrollwald, die wahrscheinlich durch Abholzung verursacht wurden. Die Durchmesserverteilung stehender Birken ist in F1996 und im Kontrollwald ziemlich gleich und hat bei den BHD von 11-20 cm den Höhepunkt, gefolgt vom BHD von 21-30 cm. Stehende Birken mit einem BHD von 31-40 cm sind dagegen in 2002 am häufigsten, während in F2007 Birken mit einem BHD von 21-30 cm am häufigsten aufgenommen wurden.

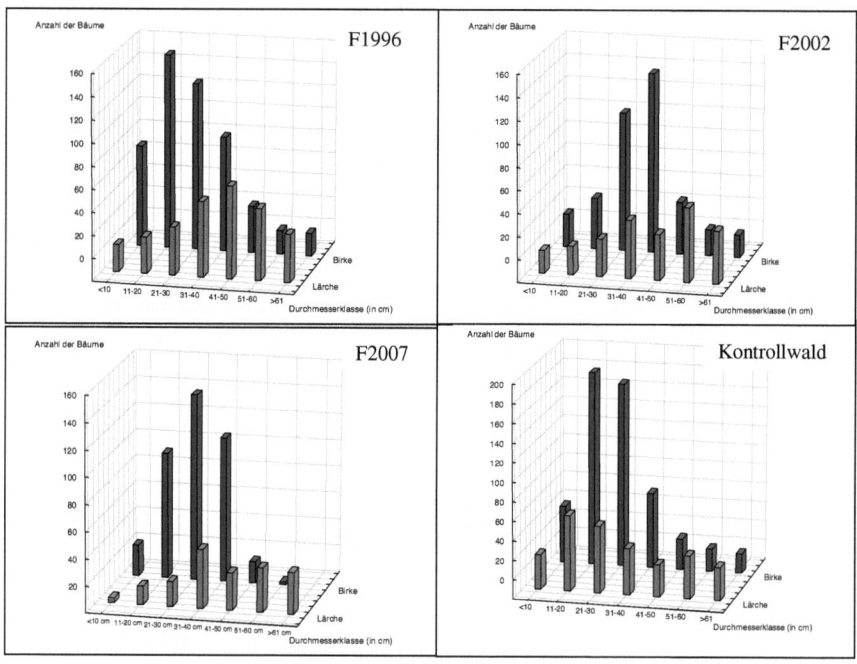

Abb. 4.16. Durchmesserverteilung der stehenden Birken und Lärchen in den durch Waldbrände beeinflussten Wäldern. F1996 - im Jahr 1996 angebrannter Wald, F2002 – im Jahr 2002 angebrannter Wald, F2007 – im Jahr 2007 angebrannter Wald, Kontrollwald – Wald ohne Waldbrand seit mehr als 15 Jahren.

Feuerintensität und Feuerhöhe bei stehenden Beständen

In dem im Jahr 1996 angebrannten Wald (F1996) soll das Feuer relativ oberflächlich verlaufen sein, so dass bei den über 70 % aller stehenden Birken und Lärchen keine oder nur leichte Feuerspuren zu erkennen waren. Die Feuerintensität war bei Birken und Lärchen gleichermaßen verlaufen (Abb. 4.17).

Die Höhe des Feuers unterschied sich jedoch zwischen den beiden Baumarten leicht. Bei über 32 % aller Birken ließen die Stämme eine Feuerspur bis ein Meter erkennen, während bei über 35 % der Lärchen das Feuer eine Höhe von zwei Metern des Stammes erreichte.

In F2002 hatten über 90 % der stehenden Bäume leichte bis mittlere Feuerschäden. Das Feuer soll in diesem Wald sowohl intensiver als auch etwas höher als in F1996 gewesen sein. Bei den meisten Bäumen erreichte das Feuer jedoch ebenfalls bis zu einem Meter Höhe des Stammes bei Birken und zwei Metern bei Lärchen, wie es auch in F1996 der Fall war (Abb. 4.17).

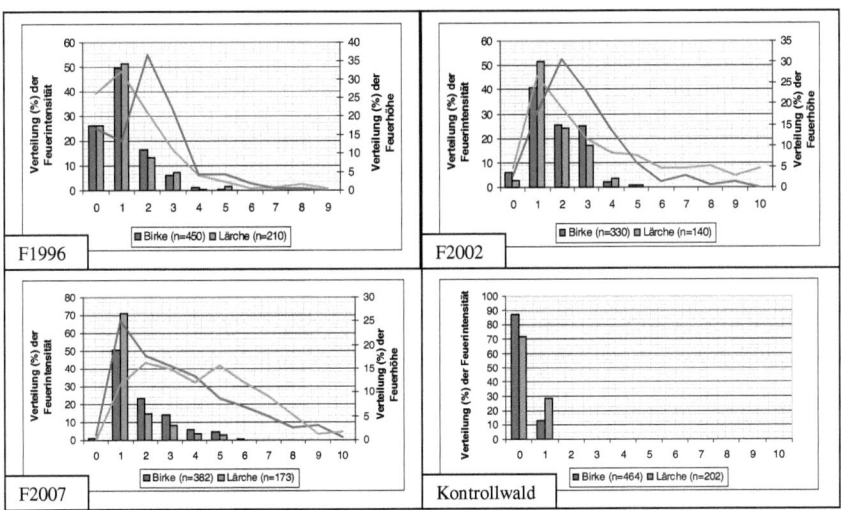

Abb. 4.17. Verteilung (%) der Feuerintensität (Balken) und Feuerhöhe (Linie) bei den stehenden Bäumen in den durch Waldbrände beeinflussten Wäldern. Feuerintensität: 0= kein Feuerspur, 1= Rinde schwarz, aber keine Risse. 2= Rinde schwarz, Risse entstanden und/oder abgeblättert, 3= Rinde und Splintholz schwarz, 4= Durch Feuer bis 50 % des Baumes geschädigt, 5= Durch Feuer bis 70 % des Baumes geschädigt, 6= Durch Feuer tot bzw. nur durchgebrannte Stammrest geblieben. Feuerhöhe: 0= kein Feuerspur, 1= Feuer erreichte bis 1 Meter des Stammes..., 10= Feuer erreichte bis 10 Meter des Stammes.

In F2007 hatte das Feuer praktisch fast alle einzelnen Bäume erreicht. Bei 70 % der Lärchen und 50 % der Birken hinterließ es schwarze Feuerspuren an der Rinde, allerdings erreichte die Feuerhöhe bis zu 5 Meter des Stammes bei 56 % der Birken und 59 % der Lärchen. In dem Kontrollwald waren nur bei den 13 % der Birken und 28 % der Lärchen leichte Feuerspuren (Abb. 4.17) zu erkennen.

Feuerintensität bei liegenden Beständen

Bei dem liegenden Bestand in F1996 war die Feuerintensität für die beiden Baumarten relativ gleichmäßig. In F2002 hatte das Feuer für die beiden Baumarten verschieden große Schäden verursacht (Abb. 4.18). Bei den meisten Totholzobjekten (58 % der Lärchen und 35 % der Birken) war die Rinde abgerissen und das Feuer erreichte das Splintholz.

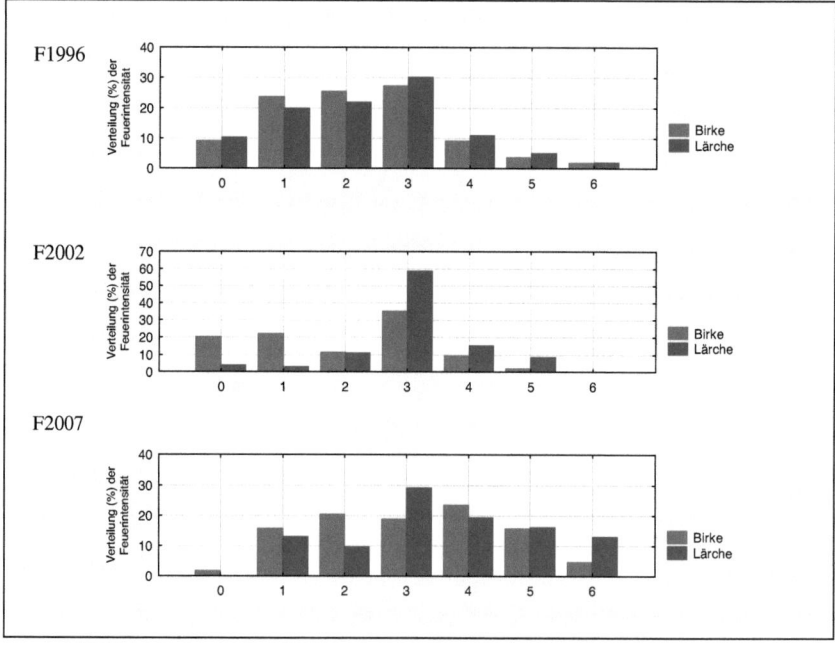

Abb. 4.18. Verteilung (%) der Feuerintensität bei liegenden Birken und Lärchen in den angebrannten Wäldern. 0= kein Feuerspur, 1= Rinde schwarz, aber keine Risse. 2= Rinde schwarz, Risse entstanden und/oder abgeblättert, 3= Rinde und Splintholz schwarz, 4= Durch Feuer bis 50 % des Baumes geschädigt, 5= Durch Feuer bis 70 % des Baumes geschädigt, 6= Durch Feuer tot bzw. nur durchgebrannte Stammrest geblieben.

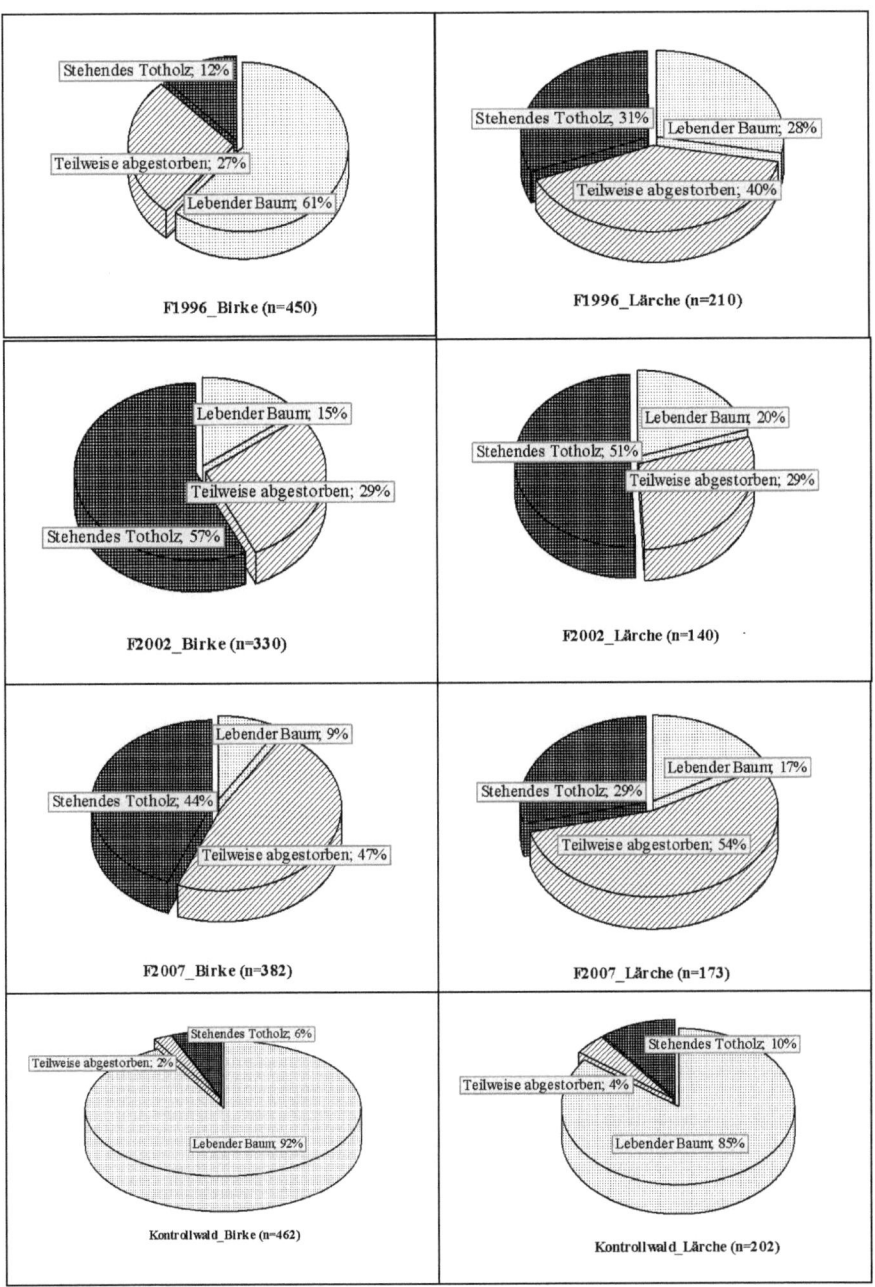

Abb. 4.19. Baumtyp der Birken und der Lärchen beim stehenden Bestand in den Wäldern F1996, F2002, F2007 und im Kontrollwald.

In F2007 konnte man bei dem liegenden Bestand alle Stufen der Feuerintensität beobachten. Starke Unterschiede von Feuereinflüssen auf beiden Baumarten konnte man allerdings nicht klar erkennen (Abb. 4.18). Aus dieser Abbildung kann man noch erkennen, dass die liegenden Bestände insgesamt ziemlich stark durch Feuer geprägt wurden.
Zur Feuerintensität des liegenden Bestandes im Kontrollwald liegen keine erhobenen Daten zum Vergleich vor.

Baumtyp stehender Bestände in den durch Waldbrände beeinflussten Wäldern
Der Baumtyp stehender Bestände gibt Auskunft, wie intensiv das Feuer in den einzelnen Wäldern war. In 2002 und in F2007 war das Feuer viel intensiver als in F1996 und sind dort die Bäume in Massen abgestorben (Tab. 4.11).

Tab. 4.11. Anteil (%) der lebenden und abgestorbenen Bäume in den einzelnen Waldbeständen.

Baumtyp (in %)	F1996	F2002	F2007	Kontrollwald
Lebender Baum	50.6	16.3	11.2	90.8
Teilweise abgestorbener Baum und Totholz	49.4	83.7	88.8	10.2

Der Anteil der lebenden, teilweise abgestorbenen und toten Bäume in den angebrannten Wäldern unterschied sich nicht nur in den einzelnen Wäldern, sondern war auch nicht gleich bei den einzelnen Baumarten (Abb. 4.19).

4.2.2. Pilzbesiedlung stehender und liegender Bäume bzw. Totholzobjekte in den angebrannten Wäldern

Durchschnittlich 50.8 % liegender Stämme und Stümpfe in den durch die Waldbrände beeinflussten Wäldern und 49.7 % im Kontrollwald wurden von Pilzen besiedelt. Während in den angebrannten Wäldern durchschnittlich 26.5 % der lebenden Bäume und stehendes Totholz von Pilzen bewohnt wurden, wurden im Kontrollwald nur 5.4 % von Pilzen bewohnt (Tab. 4.12).

Tab. 4.12. Anzahl der aufgenommenen Bäume und Totholzobjekte in den durch Waldbrände beeinflussten Wäldern und im Kontrollwald sowie Anteil der Pilzbesiedlung.

Stehend		F1996	F2002	F2007	Kontrollwald	Gesamt
	Gesamt	660	443	555	665	2323
	Mit Pilzbesiedlung (%)	14.0	51.7	21.3	5.4	**20.5**
Liegend						
	Gesamt	211	192	96	149	648
	Mit Pilzbesiedlung (%)	57.8	42.7	53.1	49.7	**50.8**

Die Hypothese, dass liegende Stämme und Stümpfe in jedem Wald mehr von Pilzen besiedelt werden als lebende Bäume und stehendes Totholz, wurde bei Birken und Lärchen getrennt geprüft. Die Hypothese wurde in den meisten Fällen bestätigt (Mann-Whitney-U-Test, $p \leq 0.05$). Allerdings wurde diese Hypothese für Birken in F2002 und für Lärchen in F2002 und F2007 verworfen.

Sechzehn Pilzarten, die sowohl in angebrannten Wäldern als auch im Kontrollwald vorkommen, wurden hinsichtlich ihrer Verteilung an stehenden Birken verglichen. Das Ergebnis zeigt, dass die meisten Arten, die im Kontrollwald ausschließlich oder vorwiegend auf liegenden Birken vorkommen, in den Wäldern mit Brandgeschichte auf stehenden Birken überwiegend auftreten (Tab. 4.13). Bei Lärchen ist nur *Trichaptum fuscovioleceum* zu 40 % an stehenden Lärchen in den gebrannten Wäldern anzutreffen, die im Kontrollwald 100 % auf liegenden Lärchen vorkommt.

Tab. 4.13. Verteilung (%) des Vorkommens einiger Pilzarten an stehenden Birken in den angebrannten Wäldern und im Kontrollwald.

	Angebrannte Wälder				Kontrollwald
	F1996	F2002	F2007	Durchschnitt	
Auricularia auricula-judae	50.0	93.1	0.0	85.3	0.0
Bjerkandera adusta	62.5	40.0	40.0	46.4	33.3
Cerrena unicolor	0.0	70.0	0.0	50.0	66.7
Daedaleopsis tricolor	0.0	20.0	0.0	10.0	0.0
Exidia glandulosa	0.0	25.0	0.0	8.3	0.0
Fomes fomentarius	52.3	80.1	63.8	69.3	45.9
Fomitopsis pinicola	40.0	75.0	100.0	60.0	0.0
Gloeoporus dichrous	12.5	0.0	0.0	6.3	0.0
Irpex lacteus	0.0	73.9	64.7	60.9	50.0
Lentinus strigosus	18.2	31.3	0.0	24.1	0.0
Pleurotus cornucopiae	57.1	81.8	80.0	77.9	50.0
Pleurotus pulmonarius	50.0	50.0	20.0	38.5	0.0
Schizophyllum commune	28.6	82.8	46.2	69.2	0.0
Trametes hirsuta	21.4	82.8	66.7	63.0	0.0
Trichaptum biforme	44.4	62.0	71.4	58.7	12.5
Unbestimmt	100.0	85.7	50.0	80.0	0.0
Durchschnittlicher Anteil	33.6	59.6	37.7	50.5	16.2

4.2.2.1. Lebende Bäume und stehendes Totholz.

In den angebrannten Wäldern und im Kontrollwald wurden nach der Winkelzählprobe insgesamt 2444 lebende Bäume und stehendes Totholz erfasst. Die dominanten Baumarten waren in jedem Wald Birke und Lärche, wobei Birken ca. doppelt so häufig vorkommen wie Lärchen (Tab. 4.14). In F2002 und F2007 wurden außer den genannten Baumarten noch *Pinus sylvestris* (5 bzw. 25), *Picea obovata* (0 bzw. 12) und *Populus tremula* (21 bzw. 56) gezählt. Diese Arten wurden allerdings wegen kleiner Bestände und nicht regelmäßiger Verteilung in den Wäldern bei den statistischen Auswertungen nicht berücksichtigt.

Tab. 4.14. Anzahl der stehenden Birken und Lärchen und Anteil der Pilzbesiedlung in den durch Waldbrände beeinflussten Wäldern und im Kontrollwald.

	F1996		F2002		F2007		Kontrollwald	
	Gesamt	Pilz* (%)	Gesamt	Pilz* (%)	Gesamt	Pilz* (%)	Gesamt	Pilz* (%)
Stehende Birke	450	16.2	303	66	382	29.5	464	7.1
Stehende Lärche	210	9.5	140	20.7	173	2.9	202	1.5

* Anteil der Pilzbesiedlung

In Bezug auf die Pilzbesieldung bei stehendem Bestand war F2002 am reichsten mit Pilzen bewohnt (Tab. 4.12). Durch die Ergebnisse des Kruskal-Wallis-Tests erwiesen sich signifikante Unterschiede bei stehenden Birken ($p \leq 0.05$) und Lärchen ($p \leq 0.01$) zwischen diesen Wäldern. Stehende Birken in F2002 hatten eine signifikant höhere Pilzbesiedlung als stehende Birken in F1996 und im Kontrollwald (Mann-Whitney-U-Test, $p \leq 0.05$). Nach dem Mann-Whitney-U-Test hatten die stehenden Lärchen in F1996 und F2002 jeweils eine signifikant höhere Pilzbesiedlung als stehende Lärchen in F2007 und im Kontrollwald ($p \leq 0.05$).

4.2.2.2. Liegende Stämme und Stümpfe

In den angebrannten Wäldern und im Kontrollwald wurden insgesamt 649 liegende Birken und Lärchen erfasst. In allen Wäldern außer F2007 wurden durch die Abholzung entstandene Lärchenstümpfe 2.5-3.2mal mehr Lärchen aufgenommen als Birken. In F1996 waren 2/3 aller liegenden Lärchen abgesägte Stümpfe und in F2002 gab es genauso viele Lärchenstümpfe wie liegende Lärchenstämme. Trotz der Vielzahl der verfügbaren Lärchen war die Birke auch bei liegendem Bestand die beliebteste Baumart der Pilze, wobei der Anteil der Pilzbesiedlung in den angebrannten Wäldern durchschnittlich 75.4 % und im Kontrollwald 62.8 % betrug (Tab. 4.15). Durch Kruskal-Wallis-Test wurde bei der Pilzbesiedlung liegender Birken zwischen den Standorttypen kein signifikanter Unterschied nachgewiesen.

Tab. 4.15. Anzahl der liegenden Stämme und Stümpfe und Anteil der Pilzbesiedlung in den durch Waldbrände beeinflussten Wäldern und im Kontrollwald.

	F1996		F2002		F2007		Kontrollwald	
	Gesamt	Pilz* (%)	Gesamt	Pilz* (%)	Gesamt	Pilz* (%)	Gesamt	Pilz* (%)
Liegende Birke	56	76.8	54	79.6	65	70.8	43	62.8
Liegende Lärche	158	50.0	138	28.3	31	16.1	104	45.2

* Anteil der Pilzbesiedlung

Durch den Kruskal-Wallis-Test wurden bei den liegenden Lärchen zwischen den Wäldern signifikante Unterschiede festgestellt (p≤0.05). Es waren in F1996 signifikant mehr Lärchen von Pilzen besiedelt als in F2007 (Mann-Whitney-U-Test: p≤0.05).

4.2.3. Artenvielfalt, Abundanz und Artenzusammensetzung

In den durch Waldbrände beeinflussten Wäldern in F1996, F2002 und F2007 wurden insgesamt 85 holzbewohnende Pilzarten nachgewiesen. Die dominante Art *Fomes fomentarius* wurde an 270 Substraten (Bäume und Totholzobjekte) nachgewiesen, gefolgt von *Daldinia concentrica* (134), *Schizophyllum commune* (92), *Pleurotus ostreatus* (83), *Trichaptum biforme* (75), *Auricularia auricula-judae* (68) und *Pleurotus cornucopiae* (68). 29 % aller Arten kamen in allen drei Wäldern gemeinsam vor. Fünfundzwanzig Arten waren nur in F1996 zu finden, während dreizehn Arten ausschließlich in F2002 vorkommen. F2007 hatte nur vier Pilzarten, die in den beiden Wäldern nicht aufgenommen wurden.

In den durch Waldbrände beeinflussten Wäldern und im Kontrollwald wurde bei liegenden Beständen in Bezug auf die Artenzahl und auf die Abundanz der holzbewohnenden Pilze kein signifikanter Unterschied nachgewiesen. Bei stehenden Beständen jedoch unterschieden sich die Wälder sowohl bezüglich der Artenzahl als auch der Abundanz der Pilzarten signifikant voneinander (Abb. 4.20). In Bezug auf die Artenzahl unterscheid sich F2002 signifikant von allen anderen Wäldern. F2007 und F1996 hatte jeweils mehr Arten als der Kontrollwald (Mann-Whitney-U-Test, p≤0.05). Bezüglich der Pilzabundanz hatte F2002 eine höhere Pilzabundanz als F1996 und Kontrollwald und F2007 eine höhere Pilzabundanz als Kontrollwald (Mann-Whitney-U-Test, p≤0.05).

Die Abbildung 4.21 gibt die Artenähnlichkeiten zwischen den Transekten der durch Feuer beeinflussten Wälder sowie des Kontrollwaldes wieder. Bei dem Dendrogramm ließ sich zunächst eine Gruppe des Kontrollwaldes erkennen, dessen drei Transekte von insgesamt vier Transekten mit größten Ähnlichkeiten eng beieinander lagen. An die Gruppe schloss sich dann T2 aus F1996 an. Hinzu kam zunächst eine Gruppe bestehend aus T10 und T13 und diese vereinigten sich dann mit den T4 und T1 aus F1996. Somit bildete sich eine Gruppe mit Artenähnlichkeit von ca. 87 %, bestehend aus allen Transekten des Kontrollwaldes, aus drei von vier Transekten aus F1996 und einem Transekt aus F2007. Die niedrigste Ähnlichkeit zu allen anderen Transekten wies das Transekt T5 aus F2002 auf. Die weiteren Transekte des F2002 und T12 und T11 vom F2007 ähnelte den anderen Transekten 40-75 % und sie bildeten untereinander keine Gruppen mit engen Ähnlichkeiten.

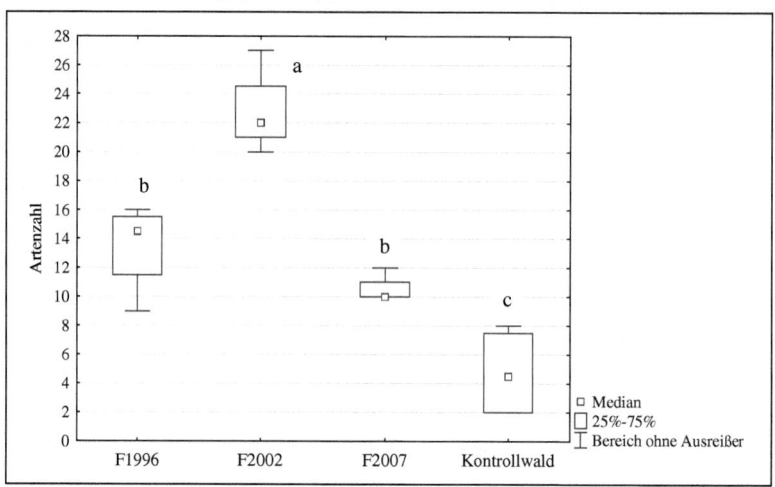

Abb. 4.20. Mittlere Artenzahl der Transekte in F1996 (n=30), F2002 (n=41), F2007 (n=19) und im Kontrollwald (n=14) bei stehenden Beständen (oben). Kruskal-Wallis-Test: H (3, N= 16) =13.1751, p ≤0.01. Mittlere Pilzabundanz der Transekte in F1996 (n=123), F2002 (n=557), F2007 (n=166) und im Kontrollwald (n=43) bei stehenden Beständen (unten). Kruskal-Wallis-Test: H (3, N= 16) =11.8456, p ≤0.01. Unterschiedliche Buchstaben zeigen signifikante Unterschiede.

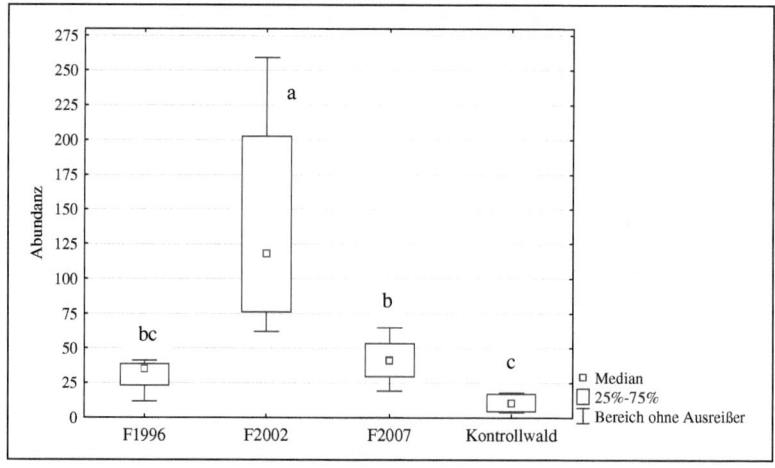

Die Ergebnisse der multidimensionalen Skalierung in der Abb. 4.22 veranschaulicht die Pilzartenzusammensetzung in den einzelnen Wäldern mit Brandgeschichte und im Kontrollwald. Die Pilzartenzusammensetzung in Wäldern nach frischem Feuer, nach fünf und elf Jahre zurückliegendem Feuer sowie in einem Wald ohne Feuer seit mehr als 15 Jahren unterscheiden sich nicht nur voneinander, sondern waren auch nach der chronologischen Reihenfolge ihrer Brandgeschichte angeordnet.

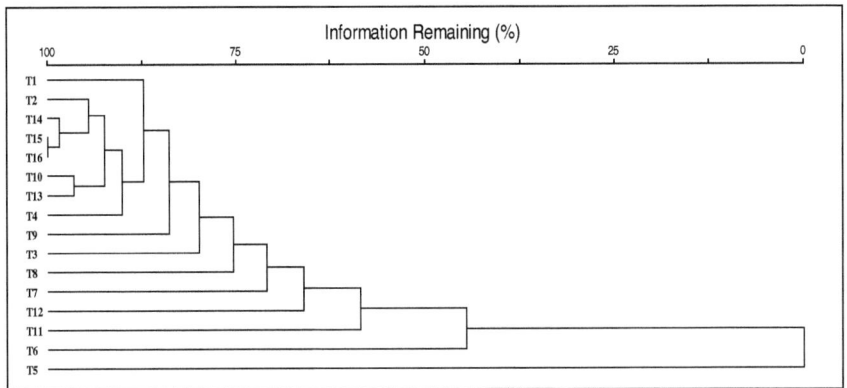

Abb. 4.21. Dendrogramm der Transekte (T) in den durch Waldbrände beeinflussten Wäldern und im Kontrollwald bezüglich der Artenähnlichkeit. Die Transekte T1-T4 gehören zum F1996, die T5-T8 zum F2002, die T9-T12 zum F2007 und die Transekte T13-T16 zum Kontrollwald. Prozent der Kettung: 97.77 %.

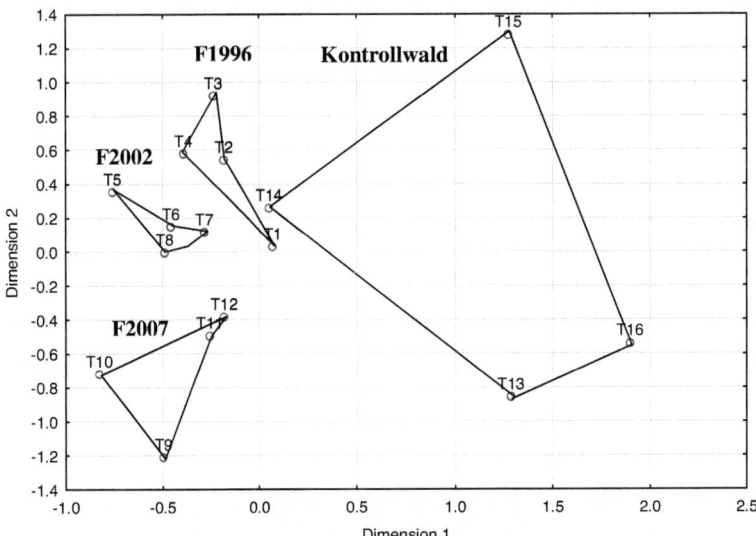

Abb. 4.22. Multidimensionale Skalierung von Pilzartenzusammensetzung an Birken und Lärchen aus 16 Transekten (à vier Transekte). S-Stress: 0.14. Die Wälder mit verschieden langem zurückliegendem Feuer liegen nach der chronologischen Reihenfolge ihrer Brandgeschichte angeordnet.

Durch Indikatorartenanalyse wurde bei 12 Arten bzw. 13.2 % der nachgewiesenen Arten in den durch Waldbrände beeinflussten Wäldern eine Indikatorfunktion nachgewiesen. Acht Arten davon assoziierten mit F2002, während in dem Kontrollwald keiner der Taxa einen Indikatorwert erzielte. *Fomitopsis pinicola* war mit 51 % der perfekten Indikation die einzige Art in F1996, die einen signifikanten Indikatorwert erreichte. Die Indikatorarten erzielen einen Indikatorwert zwischen 50% und 100 % in den einzelnen Wäldern mit Brandgeschichte (Tab. 4.16).

Tab. 4.16. Indikatorarten für die durch Waldbrände beeinflussten Wälder.

	N	Prozent der perfekten Indikation (%)				MW±Stdf.	p*
		F1996	F2002	F2007	Kontrollwald		
Auricularia auricula-judae	69	12	84*	3	1	4.3±2.3	0.0060
Chondostereum purpureum	14	14	71*	0	14	0.9±0.4	0.0180
Daldinia concentrica	143	15	66*	13	6	8.9±2.6	0.0030
Fomitopsis pinicola	35	51*	20	9	20	2.2±0.5	0.0150
Phanerchaete magnoliae	38	0	0	100*	0	2.4±1.3	0.0030
Pleurotus cornucopiae	74	9	15	68*	8	4.6±1.7	0.0490
Pleurotus ostreatus	83	0	80*	20	0	5.2±2.6	0.0150
Schizophyllum commune	95	15	68*	14	3	5.9±2.2	0.0190
Stereum hirsutum	14	0	86*	0	14	0.9±0.4	0.0130
Trametes hirsuta	48	29	60*	6	4	3.0±1.0	0.0510
Trametes ochracea	6	0	0	100*	0	0.4±0.3	0.0280
Trichaptum biforme	85	21	50*	8	12	5.3±1.5	0.0060

Die Abundanz, der Prozent der perfekten Indikation für die Wälder sowie Mittelwerte und Standardfehler der Pilzbesiedlung auf jeweils vier Transekten. * Nach dem Monte-Carlo-Test (Nur statistisch signifikante Arten sind gelistet).

4.2.4. Verteilung der holzbewohnenden Pilze an den verschiedenen Baumarten in den durch Waldbrände beeinflussten Wäldern

Die Baumarten Mandschurische Birke (*Betula platyphylla*) und Sibirische Lärche (*Larix sibirica*) wurden hinsichtlich ihrer Pilzflora und Pilzbesiedlung in den durch Waldbrände beeinflussten Wäldern untersucht. Die Birken wurden sowohl bei stehenden (1.7-10.2mal) als auch bei liegenden Beständen (1.4-4.5mal) mehr von Pilzen besiedelt als Lärchen in den durch Waldbrände beeinflussten Wäldern (Tab. 4.14, Tab. 4.15). Einen signifikanten Unterschied bei der Pilzbesiedlung von Birken und Lärchen konnte man bei stehenden Beständen außer in F1996 und bei liegenden Beständen in allen Wäldern nachweisen (Mann-Whitney-U-Test, p≤0.05).

Die Ergebnisse der Untersuchung, welche Baumeigenschaften bei den stehenden Birken und Lärchen bevorzugt von Pilzen besiedelt werden, wurden in Tab. 4.17 dargestellt. Aus der Tabelle kann man erkennen, dass der Baumtyp der beiden Baumarten für die Pilzbesiedlung in den durch Waldbrände beeinflussten Wäldern eine wichtige Rolle spielt. Es gab signifikant mehr stehende tote

Birken mit Pilzbesiedlung als stehende tote Birken ohne Pilzbesiedlung in allen angebrannten Wäldern. Des Weiteren gab es signifikant mehr Birken mit mittelmäßigem Feuerschäden, bei denen das Feuer mehr als zwei Metern des Stammes erreichte, mit Pilzbesiedlung als solche ohne Pilzbesiedlung. Es gibt mehr stehende tote Lärchen mit Pilzen als stehende tote Lärchen ohne Pilzbesiedlung in den durch Waldbrände beeinflussten Wäldern.

Tab. 4.17. Vergleich stehender Birken und Lärchen mit und ohne Pilzbesiedlung hinsichtlich ihrer Eigenschaften (Angegeben sind die Signifikanzwerte).

Baumeigenschaften		Stehende Birke			Stehende Lärche		
		F1996	F2002	F2007	F1996	F2002	F2007
Durchmesserklasse	≤ 10 cm	0.31	0.89	0.31			
	11-20 cm	0.31	0.67	0.89	0.31	0.11	0.31
	21-30 cm	0.89	0.89	0.89	0.67	0.03*	0.03*
	31-40 cm	0.67	0.89	0.89	0.89	1.00	0.03*
	41-50 cm	0.08	0.89	0.31	0.89	0.47	0.03*
	51-60 cm				0.89	0.31	0.31
	≥ 61cm				0.39	0.67	0.31
Baumtyp	Lebender Baum	0.03*	0.19	0.47	0.06	0.31	0.56
	Teilw. abgest. Baum	0.47	0.06	0.03*	0.11	0.11	0.03*
	Stehendes Totholz	0.03*	0.03*	0.03*	0.03*	0.11	0.67
Feuerintensität	FI0	0.06	0.47	1.00	0.89	0.31	0.89
	FI1	0.06	0.03*	0.03*	0.47	0.47	0.03*
	FI2	0.19	0.47	1.00	0.77	0.67	0.89
	FI3	0.03*	0.11	0.03*	0.67	0.89	0.31
	FI4+FI5+FI6	0.15	0.31	0.06	0.89	0.31	0.31
Feuerhöhe	FH0	0.06	0.25	1.00	0.89	0.31	0.89
	FH ≤ 2 m	0.89	0.47	0.89	0.67	0.89	0.67
	FH ≤ 5 m	0.39	0.03*	0.67	0.89	0.67	0.03*
	FH ≥ 6 m	0.04*	0.89	0.89	0.31	0.25	0.11

Sternchen zeigen signifikante Unterschiede (Mann-Whitney-U-Test). Ein helles Sternchen (*) deutet auf eine bevorzugte Pilzbesiedlung der betreffende Eigenschaft hin und ein dunkles Sternchen (*) zeigt, dass die betreffende Baumeigenschaft eher nicht von Pilzen besiedelt wird.

4.2.4.1. Mandschurische Birke (*Betula platyphylla*)

In allen durch die Waldbrände beeinflussten Wäldern waren signifikant mehr stehende tote Birken mit Pilzbesiedlung als stehende tote Birken ohne Pilzbesiedlung. In F1996 und F2007 waren dazu noch signifikant mehr stehende Birken mit Pilzbesielung, bei denen das Feuer Rindenschaden und leichte Splintholzschaden verursacht hat als Birken ohne Pilzbesiedlung. In F1996 und in F2002 spielte die Feuerhöhe eine Rolle, so dass Birken mit größerer Feuerhöhe signifikant mehr von Pilzen befallen wurden (Rotes Sternchen, Tab. 4.17). Es wurden noch bei einigen Eigenschaften signifikant mehr stehende Birken ohne Pilzbesiedlung beobachtet als Birken mit denselben

Eigenschaften mit Pilzbesiedlung (Schwarzes Sternchen, Tab. 4.17). Das waren in F1996 lebende Birken, in F2002 Birken mit oberflächlicher Feuerspur und in F2007 teilweise abgestorbene Birken und Birken mit oberflächlicher Feuerspur.

Bei liegenden Birken war es nur in F2002 ein signifikanter Unterscheid und zwar waren signifikant mehr liegende Birken mit starkem Feuerschäden mit Pilzbesiedlung als Birken mit starkem Feuerschäden ohne Pilzbesiedlung. Bei allen anderen Eigenschaften wie BHD, Holzstruktur, Zersetzungsgrad und bei den übrigen Klassen der Feuerintensität wurden bei den liegenden Birken mit und ohne Pilzbesiedlung in diesem und anderen Wäldern mit Brandgeschichte keine signifikanten Unterschiede nachgewiesen. In den untersuchten Wäldern mit Brandgeschichte und im Kontrollwald wurden an den Birken 56 holzbewohnende Pilzarten nachgewiesen (Auf gesamten Untersuchungsflächen einschließlich der HTU, DTU und DTO wurden 59 Pilzarten an den Birken registriert). 25 % der Pilzarten treten ausschließlich an liegenden Birken auf, während 68 % der Arten sowohl auf liegenden als auch auf stehenden Birken registriert wurden (Anhang 10).

Während im Kontrollwald 79 % stehender Birken von einer einzigen Pilzart bewohnt wurden, war es in F2002 nur 29 % der Birken. Anteil der stehenden Birken mit einer Pilzart war in F1996 66 % und in 2007 61 %. In den angebrannten Wäldern kamen mit zwei bis vier Pilzarten besiedelte stehende Birken häufiger vor, allerdings wurden sie nur in F2002 von fünf bis acht verschiedenen Pilzarten besiedelt (Abb. 4.23).

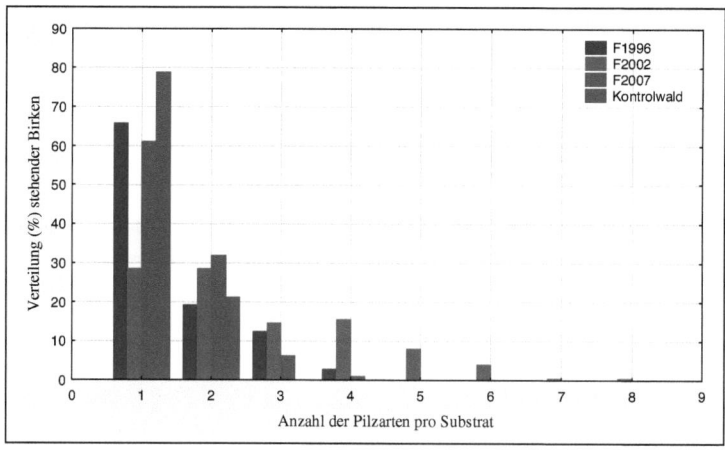

Abb. 4.23. Verteilung stehender Birken mit einer bzw. mehreren Pilzarten in den angebrannten Wäldern und im Kontrollwald. Im Kontrollwald wurden die stehenden Birken nur von einer und höchstens zwei Pilzarten bewohnt (100 %). Die Birken in F2002 wurden dagegen mehr oder weniger gleichmäßig mit vielen Pilzarten (bis zu acht) besiedelt.

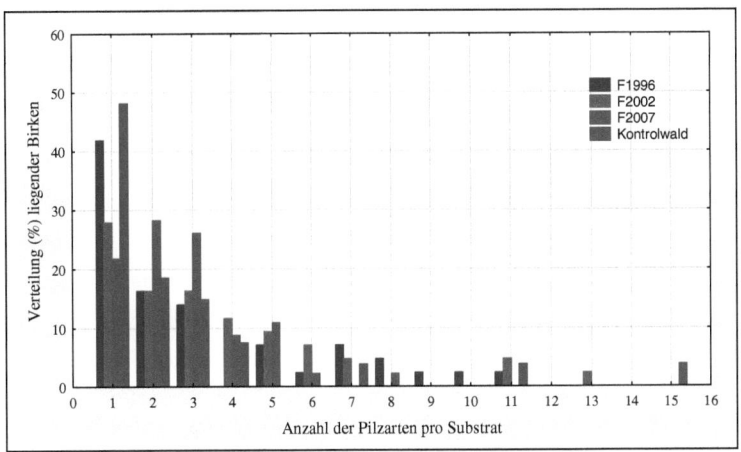

Abb. 4. 24. Verteilung (%) liegender Birken mit einer bzw. mehreren Pilzarten in den angebrannten Wäldern und im Kontrollwald.

Durchschnittlich 31 % liegender Birken wurden in den durch Waldbrände beeinflussten Wäldern von einer Pilzart bewohnt, während es im Kontrollwald 48 % war. Liegendes Totholz mit zwei bis vier Pilzarten war in allen Wäldern üblich, sei es in angebrannten Wäldern oder im Kontrollwald. Liegende Birken wurden maximal von 15 verschiedenen Pilzarten pro Baum bewohnt (Abb. 4.24).

4.2.4.2. Sibirische Lärche (*Larix sibirica*)

Beim Vergleich der Eigenschaften stehender Lärchen mit und ohne Pilzbesiedlung in den durch die Waldbrände beeinflussten Wäldern, waren nur in F1996 signifikante Unterschiede und zwar es waren mehr stehende tote Lärchen mit Pilzbesiedlung als stehende tote Lärchen ohne Pilzbesiedlung (Tab. 4.17). Bei den anderen Klassen der Feuerintensität, Feuerhöhe und BHD mit und ohne Pilzbesielung wurden keine signifikanten Unterscheide nachgewiesen. Es wurde noch bei einigen Eigenschaften signifikant mehr stehende Lärchen ohne Pilzbesiedlung beobachtet. Das wurde in F2007 am meisten beobachtet und zwar die stehenden Lärchen mit einem BHD von 21-30 cm, 31-40 cm und 41-50 cm, sowie teilweise abgestorbene Lärchen, Lärchen mit oberflächlicher Feuerspur und Lärchen, bei denen das Feuer bis zu fünf Meter der Stammhöhe erreichte, wurden von Pilzen eher nicht genutzt (Tab. 4.17). In F1996 war nur bei stehenden Lärchen mit einem BHD von 21-30 cm ein signifikanter Unterschied zu beobachten. In F2002 wurden bei den stehenden Lärchen mit und ohne Pilzbesiedlung keine signifikanten Unterschiede hinsichtlich deren Eigenschaften nachgewiesen. Bei liegenden Lärchen wurden in F2002 signifikant mehr Lärchen mit einem BHD von 61-70 cm von Pilzen bewohnt. Bei den allen anderen Eigenschaften wie die anderen Klassen des BHD, Holzstruktur, Zersetzungsgrad und Feuerintensität wurden keine signifikanten Unterschiede nachgewiesen.

In den untersuchten Wäldern mit Brandgeschichte und im Kontrollwald wurden an den Lärchen 36 holzbewohnende Pilzarten (Anhang 11) nachgewiesen (Auf gesamten Untersuchungsflächen einschließlich der HTU, DTU und DTO wurden 48 Pilzarten an den Lärchen gefunden). Stehende Lärchen wurden in allen Wäldern außer F2002 100 % von nur einer Pilzart besiedelt. In F2002 waren an 10 % der stehenden Lärchen zwei Arten von Pilzen. 76-90 % liegender Lärchen in allen Wäldern hatten eine Pilzart pro Substrat. Weil in F2007 nur fünf liegende Lärchen mit Pilzen aufgenommen wurden, sind sie hier nicht in die Auswertung einbezogen. In F1996 und im Kontrollwald wurden liegende Lärchen mit bis vier bis fünf Pilzarten angetroffen, während sie in F2002 höchstens zwei Pilzarten besaßen (Abb. 4.25). 91 % aller liegenden Lärchen waren abgesägte Stümpfe, was die Lärchenholznutzung der vergangenen Zeiten in den Wäldern nachwies. Dies hatte einen Einfluss auf das Pilzvorkommen, so dass 86 % der *Neolentinus lepideus* – Aufnahmen auf abgesägtem Lärchenholz zu finden waren.

4.2.5. Substratansprüche häufig gefundener Arten

Die Arten *Auricularia auricula-judae, Daldinia concentrica, Fomes fomentarius, Irpex lacteus, Neolentinus lepideus, Phanerchaete magnoliae, Pleurotus cornucopiae, Pleurotus ostreatus, Trichaptum biforme* und *Trichaptum fuscovioleceum*, die gemeinsam 73 % aller Aufnahmen in den durch Waldbrände beeinflussten Wäldern ausmachen, werden hinsichtlich ihrer Substratansprüche etwas näher charakterisiert. Mit wenigen Ausnahmen wurden lebende Bäume und Totholz von diesen zwölf häufigeren Arten stärker besiedelt (1.3-10.2mal) als liegende Stämme und Stümpfe. Bei allen anderen Arten außer *Neolentinus lepideus* war der Anteil der Besiedlung auf Stämmen zwischen 92 % und 100 %. (Tab. 4.18).

Welche Durchmesserklassen, Baumtyp, Holzstruktur und Zersetzungsstadien von diesen häufigeren Arten jeweils bevorzugt besiedelt wurden und wie die von ihnen besiedelten Substrate durch Feuer beeinflusst waren, wurden in Anhang 12 zusammengefasst. Durchschnittlich 81 % der Aufnahmen dieser Pilzarten wurden an gering zersetzten Substraten gefunden. Im Folgenden werden die Arten hinsichtlich ihrer Fruchtkörperbildungsstellen und eventuelle Besonderheiten kurz charakterisiert.

Auricularia auricula-judae

Im Untersuchungsgebiet wurde *Auricularia auricula-judae* am häufigsten an stehenden, toten, durch Feuer gering bis mittelstark beeinflussten Birken mit einem BHD von 31-40 cm gefunden (Anhang 12). An dem Substrat bildete *Auricularia auricula-judae* bei 97 % aller Fälle bis zu vier Individuen. Meistens waren ihre Fruchtkörper auf Rinde vorzufinden. 77 % der Fruchtkörper wurden auf den verbrannten Stellen des Substrates angetroffen. Eine Besonderheit war es, dass die Fruchtkörper von *Auricularia auricula-judae* zu 100 % im Stammfußbereich insbesondere an den Wurzelanläufen gebildet worden waren. *Auricularia auricula-judae* wurde in allen untersuchten durch Waldbrände beeinflussten Wäldern nachgewiesen. Sie war mit 84 % der perfekten Indikation eine Indikatorart (Monte Carlo Test, p≤0.01) für F2002 bzw. für im Jahr 2002 angebrannten *Betula-Larix*-Wald nach fünf Jahren zurückliegendem Feuer.

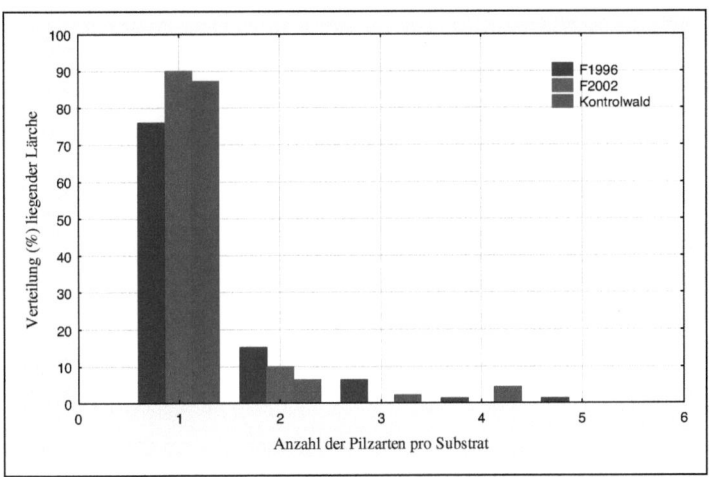

Abb. 4.25. Verteilung liegender Lärchen mit einer bzw. mehreren Pilzarten in den angebrannten Wäldern und im Kontrollwald.

Tab. 4.18. In den durch Waldbrände beeinflussten Wäldern häufig gefundene Pilzarten.

	N	Rel. Ab. (%)	T*	MW±Stdf.	S (%)	L (%)	Wirtsbaum
Auricularia auricula-judae	68	4.8	10	5.7±2.9	85.3	14.7	Birke
Daldinia concentrica	134	9.4	12	11.2±3.2	91.0	9.0	Birke
Fomes fomentarius	270	19.0	12	22.5±5.0	69.3	30.7	Birke
Irpex lacteus	46	3.2	11	3.8±0.9	60.9	39.1	Birke
Neolentinus lepideus	65	4.6	9	5.4±2.2	0.0	100.0	Lärche
Phanerchaete magnoliae	38	2.7	4	3.2±1.6	39.5	60.5	Birke
Pleurotus cornucopiae	68	4.8	11	5.7±2.2	77.9	22.1	Birke
Pleurotus ostreatus	83	5.9	8	6.9±3.3	86.7	13.3	Birke
Schizophyllum commune	91	6.5	12	7.7±2.8	69.2	30.8	Birke
Trametes hirsuta	46	3.2	10	3.8±1.2	63.0	37.0	Birke
Trichaptum biforme	75	5.3	11	6.3±1.9	58.7	41.3	Birke
Trichaptum fuscovioleceum	46	3.2	11	3.8±1.2	55.6	44.4	Lärche

Rel.Ab. - relative Abundanz, T* - Vorhandensein auf 12 Transekten, MW±Stdf. - Mittelwerte und Standardfehler der Pilzbesiedlung auf 4 Transekten in den drei angebrannten Wäldern, S - auf lebenden Bäumen und stehendes Totholz, L - auf liegenden Stämmen und Stümpfen.

Daldinia concentrica

Daldinia concentrica war der zweithäufigste Pilz in den durch Waldbrände beeinflussten Wäldern (Tab. 4.18). Sie wurde am häufigsten an durch Feuer gering bis mittelstark beeinflussten stehenden toten Birken mit einem BHD von 21-40 cm angetroffen. Auf Substraten ohne Feuerspur wurde sie nicht nachgewiesen (Anhang 12). In den meisten Fällen kommen bis zu vier Individuen auf dem Substrat vor. Bei nur acht Prozent aller Aufnahmen hatte sie mehr als fünf Individuen gebildet, aber es wurde kein Substrat angetroffen, das vollständig von den Fruchtkörpern dieser Art bedeckt war. Ihr Vorkommen war auf Stämme beschränkt. An den Ästen wurde sie nicht angetroffen. An Stämmen mit Rinde wurde sie weit häufiger (88 %) angetroffen als auf Stämmen ohne Rinde. 91 % aller Aufnahmen ließen sich an den verbrannten Stellen des Substrates beobachten. Bei 85 % der Aufnahmen der stehenden Birken waren die Fruchtkörper von *Daldinia concentrica* im unteren Teil des Stammes zu finden, bei zwölf Prozent dagegen im Kronenbereich. Im Stammfußbereich wurden 38 % der Aufnahmen des unteren Stammteils gefunden.

Fomes fomentarius

Die *Fomes fomentarius* war die häufigste Art in den durch Waldbrände beeinflussten Wäldern (Tab. 4.18). Sie kam sowohl auf den schwachen (BHD von $\leq$20 cm) als auch auf den stärken Stämmen (BHD von $\geq$51 cm) vor und war in allen Feuerintensitätsklassen vertreten (Anhang 12). Bei 63 % der Aufnahmen trat *Fomes fomentarius* mit bis zu vier Individuen auf. Mit mehr als fünf Individuen konnte man sie im Vergleich mit den anderen Pilzen relativ häufig (34 %) finden. Bei drei Prozent aller Aufnahmen waren die Substrate von Fruchtkörpern von *Fomes fomentarius* voll bedeckt. Bei stehenden Birken wurde sie nur auf Stämmen mit Rinde gefunden. Bei liegenden Birken wurden nur wenige Funde an Ästen und auf entrindeten Stämmen beobachtet. 44 % der Fruchtkörper von *Fomes fomentarius* wurden an den verbrannten Stellen des Substrates festgestellt. Die Fruchtkörper waren genauso oft am unteren Teil des Stammes zu beobachten wie im Kronenbereich.

Irpex lacteus

Irpex lacteus kam bei stehenden und liegenden Beständen verhältnismäßig gleich häufig vor (Anhang 12). Bei 83 % der Funde waren die Fruchtkörper von *Irpex lacteus* an wenigen Stellen zerstreut am Substrat gefunden. Ein von ihrem Fruchtkörper voll bedecktes Substrat wurde nie angetroffen. *Irpex lacteus* kam sowohl auf Stämmen als auch auf Ästen vor. Bei 87 % der Aufnahmen war *Irpex lacteus* an bereits verbrannten Stellen erschienen. Am meisten wurden ihre Fruchtkörper im unteren Stammbereich beobachtet. Bei wenigen Aufnahmen wurden sie im Kronenbereich und an Wurzelanläufen gefunden.

Neolentinus lepideus

Neolentinus lepideus machte unter den hier behandelten Arten viele Ausnahmen. Als erstes war sie die einzige Art, die nur bei liegenden Beständen nachgewiesen wurde. Zweitens wurde sie an den meisten Fällen an abgesägten Lärchenstümpfen gefunden. Drittens waren 95 % der von ihr besiedelten liegenden Stämme und Stümpfe gering zersetzt (Anhang 12). Bei 97 % der *Neolentinus lepideus* –Aufnahmen hatte der Pilz bis zu vier Individuen an einem Substrat gebildet. Die Fruchtkörper wurden fast immer oberhalb des Stumpfes an den abgesägten Flächen beobachtet.

Phanerchaete magnoliae

Phanerchaete magnoliae war die einzige Art unter den hier behandelten Arten, bei der der Anteil der Aufnahmen bei liegenden mehr als bei stehenden Beständen betrug (Tab. 4.18). Sie wurde zu 97% der Aufnahmen auf Totholz gefunden. An Stämmen ohne Feuerspur wurde sie nicht nachgewiesen. Bei 53 % der *Phanerchaete magnoliae* –Aufnahmen waren die Substrate durch Feuer stark beschädigt (Anhang 12). Ihre Fruchtkörper kamen meistens (76 %) an dem Substrat kleine Flecken bildend und zerstreut vor wurden jedoch häufig mittelgroße Flächen siedelnd beobachtet. An stehenden Birken kam sie im unteren Stammbereich vor. Alle *Phanerchaete magnoliae* - Aufnahmen wurden an den verbrannten Stellen des Substrates angetroffen. *Phanerchaete magnoliae* wurde nur in F2007 bzw. im Wald nach frischem Feuer nachgewiesen.

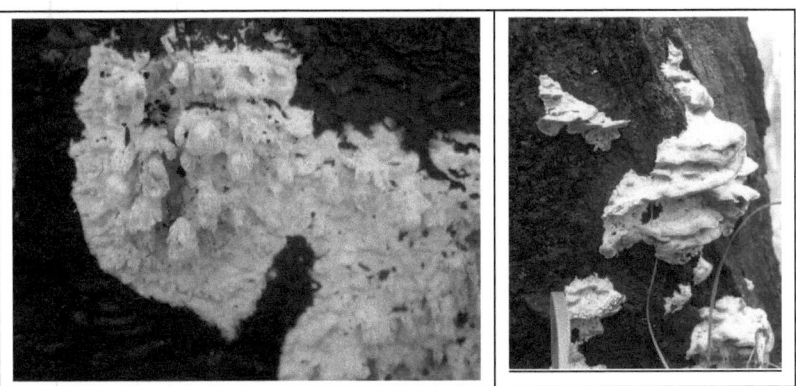

Abb. 4.26. *Phanerchaete magnoliae* (links) wurde nur in dem Wald nach frischem Feuer gefunden. *Trichaptum biforme* (rechts) kommt nach dem Feuer vermehrt an den stehenden Birken vor.

Pleurotus cornucopiae

In dem Untersuchungsgebiet wurde *Pleurotus cornucopiae* am häufigsten an den stehenden, toten, durch Feuer gering bis mittelstark beeinflussten Birken mit einem BHD von 21-30 cm gefunden

(Anhang 12). Bei 80 % der Fälle bildete *Pleurotus cornucopiae* an dem Substrat bis zu vier Individuen. Ungefähr drei Prozent der Substrate waren von ihr voll bedeckt. Ihre Fruchtkörper wurden ohne Ausnahme auf Stämmen mit Rinde nachgewiesen. 74 % der Fruchtkörper wurden auf den verbrannten Stellen des Substrates angetroffen. Bei 20 % der Aufnahmen wurden ihre Fruchtkörper bis zum Kronenbereich beobachtet. Direkt an den Wurzelanläufen wurde sie nicht registriert.

Pleurotus ostreatus

Pleurotus ostreatus ist im Untersuchungsgebiet an den durch das Feuer gering bis mittel beeinflussten, stehenden toten Birkenstämmen mit einem BHD von 21-40 cm am häufigsten vorzufinden. Bei liegenden Beständen findet man sie eher an gering und nicht zersetzten Birkenstämmen mit noch intakter Rinde (Anhang 12). Bei den 81 % aller Aufnahmen wurde *Pleurotus ostreatus* nur mit wenigen Individuen angetroffen. Bei 18 % der Aufnahmen kam sie mit der Fruchtkörperbildung von relativ vielen Individuen vor (Individuenzahl ca. bis 20 Stück). Ein von ihr voll bedecktes Substrat war selten zu finden. Alle Individuen wurden auf Stämmen mit Rinde gefunden. Während bei 83 % der Aufnahmen ihre Fruchtkörper am unteren Teil des Stammes zu sehen waren, hatten die Fruchtkörper bei 35 % den Kronenbereich erreicht. *Pleurotus ostreatus* war bei 84 % der Funde an den verbrannten Stellen des Substrates zu finden.

Schizophyllum commune

Bei 92 % der Aufnahmen besiedelte *Schizophyllum commune* am Substrat kleinere Flächen. Ein von ihren Fruchtkörpern voll bedecktes Substrat wurde dagegen nicht beobachtet. Außer dem Stamm bewohnte sie auch häufig Äste. Entrindete Substrate hatte sie genau so viel besiedelt wie Substrate mit intakter Rinde. Ihre Fruchtkörper bildete sie in den ersten zwei Metern des Stammes. Im Stammfußbereich wurde 81 % der Aufnahmen angetroffen. Bei 78 % der Aufnahmen waren die Fruchtkörper von *Schizophyllum commune* an verbrannten Stellen zu finden.

Trametes hirsuta

Trametes hirsuta kommt am häufigsten in durch Waldbrände gering bis mittel beeinflussten, stehenden und liegenden Birkentotholz mit einem BHD von 31-40 cm vor. Bei liegenden Beständen besiedelt sie Äste genau so viel wie Stämme (Anhang 12). Sie bildete bei den meisten Fällen (91 %) nur wenige Fruchtkörper an einem Substrat. Bei nur neun Prozent der Aufnahmen wurden Substrate angetroffen, die mehr als fünf Fruchtkörper der *Trametes hirsuta* hatte. *Trametes hirsuta* kam bei stehenden Beständen zu 52 % an den gebrannten Stellen und zu 93 % an Stammfußbereich vor.

Abb. 4.27. *Trametes hirsuta* (links) und *Fomes fomentarius* (rechts). Sie wurden in den durch Waldbrände beeinflussten Wäldern häufig gefunden.

<u>Trichaptum biforme</u>

Trichaptum biforme kommt in den durch Waldbrände beeinflussten Wäldern am häufigsten an toten, durch Feuer gering bis mittelstark beeinflussten Birkenstämmen mit dem BHD von 21-40 cm vor. Bei liegenden Beständen wurde sie auf gering zersetzten Birkenstämmen mit und ohne Rind am häufigsten gefunden. An stehendem Totholz kam sie genau so häufig wie an liegendem Totholz vor (Anhang 12). Bei 59 % der Aufnahmen siedelt *Trichaptum biforme* auf kleinen Flächen. Ungefähr sieben Prozent der aufgenommenen Substrate waren von ihren Fruchtkörpern voll bedeckt. Sie wurde sowohl auf Stämmen mit intakter Rinde als auch an den entrindeten Substraten gefunden. An Ästen kam sie selten vor. Obwohl die meisten Fruchtkörper in den ersten zwei Metern des Stammes gefunden wurden, gab es auch Fälle, wo die Fruchtkörper bis zum Kronenbereich zu beobachten waren. Es wurde festgestellt, dass bei 59 % der Aufnahmen die Fruchtkörper der *Trichaptum biforme* an den verbrannten Stellen des Substrates und bei 47 % im Stammfußbereich des Stammes zu finden waren.

<u>Trichaptum fuscovioleceum</u>

Trichaptum fuscovioleceum wurde in den durch Waldbrände beeinflussten Wäldern am häufigsten im Stammfußbereich von toten, durch Feuer gering bis mittelstark beeinflussten Lärchen mit einem BHD von mehr als 40 cm angetroffen. Bei liegenden Beständen traf man sie am häufigsten auf gering zersetzten, dicken Stämmen mit Rinde an (Anhang 12). Die Fruchtkörper von *Trichaptum fuscovioleceum* wurden in den meisten Fällen (76 %) zerstreut auf dem Substrat gefunden, doch besiedelte sie bei ca. 15 % der Funde mittelgroße Flächen. Bei 7 % der Aufnahmen waren die Substrate von ihren Fruchtkörpern voll bedeckt. Sie kam auf Stämmen mit Rinde bevorzugt vor. Äste und Stämme ohne Rinde wurden selten von ihr bewohnt. 59 % der Fruchtkörperbildung dieser

Art wurden an den verbrannten Stellen angetroffen. Die meisten Fruchtkörper wurden in den ersten zwei Metern des Stammes beobachtet. In wenigen Fällen waren die Fruchtkörper in einer Höhe von mehr als 2 Metern des Stammes zu sehen. Bei 80 % der Aufnahmen waren die Fruchtkörper von *Trichaptum fuscovioleceum* im Stammfußbereich des Stammes zu finden.

4.3. Pilzsukzession an Birken im *Larix-Betula*-Wald

Nach einem Jahr der Fällung wurden an elf von insgesamt fünfzehn gefällten Birken Pilzfruchtkörper nachgewiesen. Fünf Birken hatten jeweils eine Pilzart und sechs Birken waren schon von jeweils zwei Pilzarten bewohnt. Zwei Jahre nach der Fällung hatten schon alle fünfzehn Birken Pilzfruchtkörper und die Birke mit den meisten Pilzarten war mit acht Pilzarten besiedelt. Im dritten Jahr der Zersetzung hatten die Birken durchschnittlich acht Pilzarten.

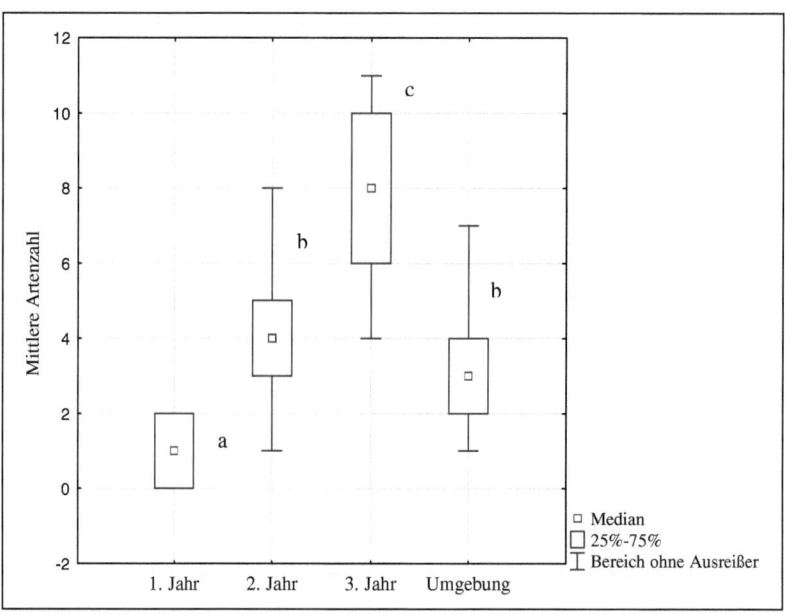

Abb. 4.28. Mittlere Artenzahl pro Birke (n=15) ein, zwei und drei Jahre nach der Fällung sowie mittlere Artenzahl pro Vergleichsbirke (n=15) in der Nachbarschaft.
Unterschiedliche Buchstaben zeigen signifikante Unterschiede.

Die Artenzahl pro Birke unterschied sich signifikant zwischen den Jahren nach der Fällung (Friedmans ANOVA, Chi² (N = 15, FG = 2) = 27.7627, p≤0.001). In dem zweiten Jahr nach der Fällung wurden die Birken von signifikant mehr Pilzarten besiedelt als die Birken im ersten Jahr

(Wilcoxon-Tets, p≤0.01) und im dritten Jahr nach der Fällung wurden die Birken wieder von signifikant mehr Pilzarten bewohnt als die Birken, die sich im ersten und zweiten Jahr der Zersetzungsphase befinden (Wilcoxon-Tets, p≤0.001, Abb. 4.28).

Zwischen der mittleren Artenzahl pro Birke im ersten, zweiten und dritten Jahr nach der Fällung und der mittleren Artenzahl pro Birke mit fortgeschrittener Zersetzung in der Umgebung der gefällten Birken wurden signifikante Unterschiede nachgewiesen. Die Birken mit fortgeschrittener Zersetzung hatten signifikant mehr Pilzarten als die Birken im ersten Jahr nach der Fällung, hatten allerdings signifikant weniger Pilzarten als Birken in dem dritten Jahr nach der Fällung (Mann-Whitney-U-Test, p≤0.001). In Bezug auf Artenzahl unterschieden sich die Birken in dem zweiten Jahr nach der Fällung und die Birken mit fortgeschrittener Zersetzung in der Umgebung nicht signifikant voneinander.

Abb. 4.29. *Schizophyllum commune*, *Plicaturopsis crispa*, *Trichaptum biforme* und *Stereum hirsutum* an der Schnittfläche einer vor drei Jahren gefällten Birke. Die Schnittflächen sind für viele Pilzarten eine gute Bedingung für das Eindringen ins Holz und für die Fruchtkörperbildung.

In einem Zeitraum von drei Jahren nach der Fällung der Birken wurden an den fünfzehn Birken insgesamt 23 Pilzarten nachgewiesen. Von den acht Pionierpilzarten, die nach einem Jahr der Fällung gefunden wurden, war *Plicaturopsis crispa* die häufigste Pilzart und wurde an fünf von fünfzehn Birken beobachtet. Zwei Jahre nach der Fällung erschienen sieben Pilzarten neu und im dritten Jahr kamen noch acht Pilzarten dazu. Sieben Pilzarten, die an den Vergleichsbirken in der Umgebung der gefällten Birken wuchsen, wurden an den gefällten Birken nicht nachgewiesen (Tab. 4.19).

Tab. 4.19. Sukzessive Pilzzusammensetzung an den 15 Birken in erster Phase der Zersetzung und Pilzzusammensetzung an den Vergleichsbirken in der Nachbarschaft der gefällten Birken.

Nr.		Sukzessive Pilzzusammensetzung	Vorkommen der Pilzarten			
			An den 15 gefällten Birken			An den 15 Vergleichs-birken
			1. Jahr	2. Jahr	3. Jahr	
1	Pilzzusammensetzung nach einem Jahr der Fällung	*Chondrostereum purpureum*	1	5	8	0
2		*Daedaleopsis tricolor*	1	4	2	5
3		*Daldinia lloydii*	1	9	12	1
4		*Irpex lacteus*	3	6	6	4
5		*Lentinus strigosus*	1	0	3	2
6		*Plicaturopsis crispa*	5	6	5	0
7		*Trametes pubescens*	2	4	2	2
8		*Trametes versicolor*	2	3	8	2
9	Im 2. Jahr nach der Fällung neu gefundene Arten	*Bjerkandera adusta*		1	8	1
10		*Daedaleopsis confragosa*		1	1	0
11		*Lenzites betulina*		2	9	1
12		*Nectria cinnabarina*		4	0	0
13		*Schizophyllum commune*		9	13	2
14		*Stereum hirsutum*		4	8	0
15		*Trametes hirsuta*		3	4	0
16	Im 3. Jahr nach der Fällung neu gefundene Arten	*Cerrena unicolor*			1	5
17		*Exidia glandulosa*			7	1
18		*Fomes fomentarius*			4	12
19		*Pleurotus cornucopiae*			1	2
20		*Pleurotus ostreatus*			1	0
21		*Pleurotus pulmonarius*			4	0
22		*Steccherinum ochraceum*			1	1
23		*Trichaptum biforme*			10	5
24	Arten an den Birken mit fortgeschrittener Zersetzung in der Umgebung	*Fomitopsis pinicola*				1
25		*Gloeoporus dichrous*				1
26		*Hericium coralloides*				1
27		*Laxitextum bicolor*				3
28		*Panellus stipticus*				2
29		*Pycnoporus cinnabarinus*				1
30		*Stereum subtomentosum*				1

Die Arten *Chondrostereum purpureum, Daldinia lloydii, Plicaturopsis crispa* und *Trametes versicolor*, die in dem ersten Jahr nach der Fällung fruktifizierten und in den nächsten zwei Jahren vermehrt auf mehreren Birken registriert wurden, wurden an den Vergleichbirken in der Umgebung nicht oder ganz selten gefunden. Das war auch der Fall bei den Arten des zweiten Jahres nach der

Fällung wie *Bjerkandera adusta, Lenzites betulina, Nectria cinnabarina, Schizophyllum commune* und *Stereum hirsutum*. Drei Jahre nach der Fällung waren *Schizophyllum commune, Daldinia lloydii, Trichaptum biforme, Lenzites betulina, Bjerkandera adusta, Chondrostereum purpureum, Stereum hirsutum und Trametes versicolor* an mehr als der Hälfte der gefällten Birken zu finden (Abb. 4.30).

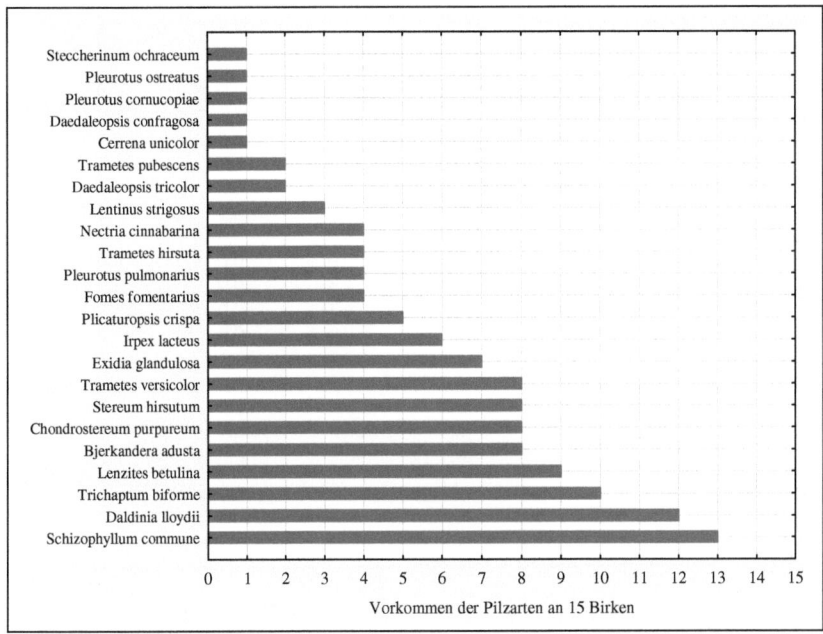

Abb. 4.30. Vorkommen der Pilzarten an 15 gefällten Birken im dritten Jahr nach der Fällung. *Schizophyllum commune*, die häufigste Art in der Initialphase der Zersetzung wurden an dreizehn von fünfzehn Birken gefunden.

Die abgesägten Birken bieten für die Erstbewohner mit ihren Astwerken, Stämmen, Stümpfen und Schnittflächen reiche Strukturen zur Bildung ihrer Fruchtkörper an. Äste und Zweige sowie Stämme der Birken wurden von siebzehn bzw. achtzehn Pilzarten von insgesamt 23 Pilzarten besiedelt, während ihre Stümpfe und Schnittflächen von jeweils sieben Pilzarten bewohnt wurden. In Tab. 4.20 wurden die Stellen der Fruchtkörperbildung einzelner Pilzarten gezeigt. Drei Jahre nach der Fällung wurden an den 15 gefällten Birken 39 % der Pilzflora der Birken im Untersuchungsgebiet nachgewiesen.

Tab. 4.20. Stelle der Fruchtkörperbildung der Pilzarten in der Initialphase der Zersetzung.

Pilzarten	Vorkommen der Pilzarten (%)			
	Astwerk	Stamm	Stumpf	Schnittfläche
Bjerkandera adusta*	0.0	33.3	66.7	0.0
Cerrena unicolor	0.0	100.0	0.0	0.0
Chondrostereum purpureum*	0.0	66.7	33.3	0.0
Daedaleopsis confragosa	100.0	0.0	0.0	0.0
Daedaleopsis tricolor	100.0	0.0	0.0	0.0
Daldinia lloydii*	61.1	38.9	0.0	0.0
Exidia glandulosa	30.8	61.5	7.7	0.0
Fomes fomentarius	50.0	50.0	0.0	0.0
Irpex lacteus	47.1	29.4	17.6	5.9
Lentinus strigosus	100.0	0.0	0.0	0.0
Lenzites betulina*	25.0	16.7	41.7	16.7
Nectria cinnabarina*	100.0	0.0	0.0	0.0
Pleurotus cornucopiae	0.0	100.0	0.0	0.0
Pleurotus ostreatus	100.0	0.0	0.0	0.0
Pleurotus pulmonarius	0.0	100.0	0.0	0.0
Plicaturopsis crispa*	42.9	14.3	0.0	42.9
Schizophyllum commune*	35.7	39.3	0.0	25.0
Steccherinum ochraceum	0.0	100.0	0.0	0.0
Stereum hirsutum*	7.1	42.9	7.1	42.9
Trametes hirsuta*	66.7	33.3	0.0	0.0
Trametes pubescens	75.0	25.0	0.0	0.0
Trametes versicolor*	10.0	20.0	40.0	30.0
Trichaptum biforme	16.7	75.0	0.0	8.3
Zahl der Pilzarten	17	18	7	7

* Arten, die in der Initialphase der Pilzzersetzung häufig vorkamen, doch an den Vergleichsbirken in der Umgebung nicht oder ganz selten gefunden wurden.

Abb. 4.31. Das Vorkommen von *Nectria cinnabarina* (links) beschränkt sich nur auf dünnen Ästen, während *Lenzites betulina* (rechts) an allen Stellen des Substrates wie Ast, Stamm, Stumpf und Schnittfläche zu finden war.

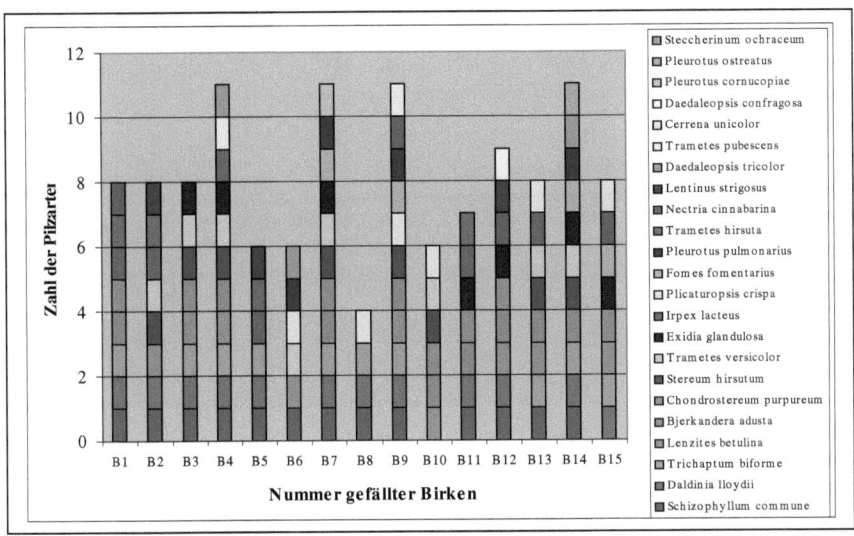

Abb. 4.32. Vergesellschaftung der Pilzarten an fünfzehn Birken drei Jahre nach der Fällung.

In den ersten Sukzessionsjahren konnte man bei den gefällten Birken eine reiche Vergesellschaftung von Pilzen beobachten. Die Birke, an der die wenigsten Pilzarten zu finden waren, wurde drei Jahre nach der Fällung von vier Pilzarten bewohnt. Bei vier Birken haben jeweils elf verschiedene Pilzarten eine Vergesellschaftung gebildet (Abb. 4.32).

Abb. 4.33. (links) *Plicaturopsis crispa*, ein Erstbewohner an Birken und (rechts) Vergesellschaftung von *Schizophyllum commune* und *Irpex lacteus*.

Bei manchen Arten war die Vergesellschaftung noch intensiver ausgeprägt. Tab. 4.21 zeigt die Arten, die mindestens mit einer anderen Pilzart bei mehr als 50 % der Fälle vergesellschaftet sind. *Schizophyllum commune*, die häufigste Art in der Initialphase der Zersetzung, war mit *Bjerkandera adusta*, *Chondrostereum pupureum*, *Daldinia lloydii*, *Exidia glandulosa*, *Lenzites betulina* und *Plicaturopsis crispa* bei mehr als 75 % der Fälle vergesellschaftet. An allen Birken, wo *Irpex lacteus* zu finden war, war auch *Schizophyllum commune* dabei (Tab. 4.21).

Tab. 4.21. Pilzarten an Birken in der Initialphase der Zersetzung, die häufig mit anderen Pilzarten Vergesellschaftung bilden. Die Prozente der Vergesellschaftung wurden angegeben.

	Bjerkandera adusta	*Chondrostereum purpureum*	*Daldinia lloydii*	*Exidia glandulosa*	*Irpex lacteus*	*Lenzites betulina*	*Plicaturopsis crispa*	*Schizophyllum commune*	*Stereum hirsutum*	*Trametes versicolor*	*Trichaptum biforme*
Bjerkandera adusta	0	62.5	**75.0**	50.0	50.0	62.5	37.5	**87.5**	62.5	50.0	62.5
Chondrostereum purpureum		0	**87.5**	**75.0**	25.0	50.0	12.5	**75.0**	50.0	50.0	62.5
Daldinia lloydii			0	58.3	41.7	50.0	16.7	**91.7**	50.0	41.7	**75.0**
Exidia glandulosa				0	28.6	57.1	0.0	**85.7**	57.1	57.1	71.4
Irpex lacteus					0	50.0	16.7	**100.0**	50.0	50.0	66.7
Lenzites betulina						0	33.3	**77.8**	66.7	66.7	55.6
Plicaturopsis crispa							0	**80.0**	60.0	60.0	60.0
Schizophyllum commune								0	53.8	53.8	69.2
Stereum hirsutum									0	**87.5**	**75.0**
Trametes versicolor										0	62.5
Trichaptum biforme											0

5. Diskussion

Die folgende Diskussion greift verschiedene Ergebnisse auf und wendet unterschiedliche Perspektiven zu deren Interpretation an.

Einleitend werden Untersuchungsumfang und die Grenzen der gewählten Methode diskutiert (5.1.) um dann zunächst die gefundene Artenzahl anhand ähnlicher Untersuchungen in anderen borealen Wäldern einzuordnen (5.2) und die Abundanz und Artenzahl (5.2.2) und die Pilzartenzusammensetzung (5.2.3) in Untersuchungsgebiet zu diskutieren. Dann werden ausgewählte Aspekte der unterschiedlichen Besiedlung verschiedener Baumarten (5.3) und Ergebnisse zu Pilzbesiedlung und Substrateigenschaften wie Zersetzungsgrad und Feuereinwirkungen (5.4) und Unterschiede zwischen der Pilzbesiedlung stehender und liegender Bestände (5.5) diskutiert.

Bevor abschließend die regionale Pilzbesiedlung der untersuchten Bestände verschiedener Standorttypen im Bezug auf Zusammensetzung der Standorttypen, Höhenstufen, Substrateigenschaften und Feuereinwirkungen diskutiert wird (5.8), werden noch die Frage der Substratansprüche häufig gefundener Pilzarten (5.6) und die beobachtete Pilzsukzession auf frisch gefällten Birken (5.7) erörtert.

5.1. Umfang der Pilzaufnahmen

Die Inventur holzbewohnender Pilze wurde bei dieser Untersuchung ausschließlich auf sichtbare Fruchtkörper beschränkt. Es blieben deswegen diejenigen Pilzarten unentdeckt, die zum Zeitpunkt der Untersuchung noch keine Fruchtkörper gebildet hatten, wenngleich deren Myzelien sich bereits im Holz ausgebreitet haben. Obwohl durch Kultivierung von Myzelien aus Holz und durch anschließende molekulare Untersuchung im Vergleich mit Referenzen aus Datenbanken eine bestimmte Zahl von Pilzen bestimmt werden kann (Johannesson & Stenlid 1999), ist diese Methode für eine umfangreiche Felduntersuchung zu zeit- und kostenaufwendig. Die Bestimmung der Pilzarten anhand der Myzelien ist ohnedies selbst für erfahrene Mykologen anspruchsvoll, so dass die Bestimmung auf moderne Methoden angewiesen ist. Außerdem sind viele holzbewohnende Pilzarten nicht kultivierbar (Johannesson & Stenlid 1999). Daher basiert die Erfassung der Pilzflora in einem weiträumigen Gebiet auf der Feststellung der Fruchtkörper. Allmér et al. (2006) diskutieren ausführlich die Vorteile und Einschränkungen der verschiedenen Methoden der Pilzbestimmung anhand Fruchtkörperbildung, Myzelienkultivierung und aus dem Holz entnommener Proben.

Sechs Baumarten (Birken, Pappeln, Zirbelkiefer, Tannen, Fichten und Lärchen), die häufig im Untersuchungsgebiet vorkommen, wurden hinsichtlich ihrer Pilzbesiedlung und Pilzdiversität untersucht. Von den dominierenden Baumarten wurden lediglich die Pilzflora an *Pinus sylvestris*, die im Untersuchungsgebiet auch pflanzensoziologische Gesellschaften bilden kann, nicht untersucht und die Pilzflora an *Populus tremula* nur in begrenztem Maße studiert, da die Wälder, in denen diese beiden Baumarten dominieren, außerhalb der Untersuchungsflächen liegen. Eine Untersuchung der Pilzflora an den beiden Baumarten würde ohne Zweifel noch manche weitere Pilzarten und andere ökologische Aspekte hervorbringen.

Bei der Untersuchung wurden nicht alle Gruppen holzbewohnender Pilze berücksichtigt. Beispielsweise wurden die Blätterpilze oder die zahllosen kleinen Ascomyceten mit unscheinbaren Fruchtkörpern am Holz nicht aufgenommen. Die Einbeziehung aller holzbewohnenden Arten in die Erfassung wäre zu zeitaufwendig gewesen.

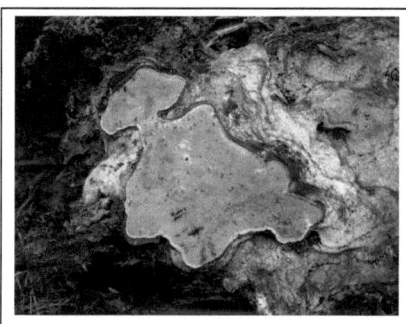 

Abb. 5.1. *Phellopilus nigrolimitatus* (links) wird als Indikatorart für alte, unberührte Wälder betrachtet. *Laricifomes officinalis* (rechts) kommt im Untersuchungsgebiet an lebenden Lärchen und Zirbelkiefern in einer Höhe von über 1000 m ü. NHN.

Bei liegenden Beständen wurden die Stämme und Stümpfe mit einem BHD von mehr als 21 cm in die Untersuchung aufgenommen. Damit war zwar die Pilzflora von auf noch am Stamm hängenden Ästen und Zweigen berücksichtigt, sofern die Stämme sich noch in der ersten Phase der Zersetzung befinden, jedoch die Pilzflora der abgebrochenen, am Boden liegenden Äste und Zweige blieb ansonsten unberücksichtigt, obwohl sie auch reichhaltig sein kann (Küffer & Senn-Irlet, 2005; Allmér et al., 2006).

Die Ergebnisse der Untersuchung der Pilzsukzession an gefällten Birken geben einen Überblick über Artenvielfalt, Pilzbesiedlung und Vergesellschaftung der Arten in den ersten drei Jahren nach der Fällung der Birken. Das war eine Zeit, die im Rahmen der Dissertation untersucht werden konnte.

Diese Untersuchung und diese Beschränkungen deuten einen hohen Bedarf an zukünftigen weiteren Untersuchungen an. Insbesondere bezüglich oben aufgeworfener methodische Fragen, sowie Untersuchungen zu Natürlichkeit, Repräsentativität und ökologische Kontinuität (*Laurilia sulcata*, *Phellopilus nigrolimitatus* und *Fomitopsis rosea* sind laut Bader et al. (1995) und Bredesen et al. (1997) in Nordeuropa Indikatorarten für alte, lange unberührte Wälder) oder dem Naturschutzwert der Pilze und Pilzgemeinschaften (Jönsson (2008) beschreibt *Phellinus chrysoloma* als Indikatorart für Wälder mit einem hohen Naturschutzwert) besteht weiterer Forschungsbedarf.

5.2. Flora der holzbewohnenden Pilze in der Mongolei

5.2.1. Großräumige Einordnung der Ergebnisse

In der vorliegenden Arbeit wurde erstmalig für die Mongolei eine umfangreiche Untersuchung zu Diversität und Ökologie holzbewohnender Pilze durchgeführt. Im Rahmen der Arbeit wurden im Untersuchungsgebiet 152 holzbewohnende Pilze nachgewiesen, wovon 111 Pilze auf Artenebene bestimmt wurden. 24 % der Pilzarten konnten nicht auf Arten- und Gattungsebene bestimmt werden, wenn z.B. bei seltenen Arten, Sporen, Basidien und andere wichtige morphologische Merkmale zur Bestimmung fehlten. Über 80 Pilzarten wurden erstmals für das Khentey Gebiet, zum Teil sogar für die ganze Mongolei neu nachgewiesen. Wegen fehlender bisheriger Forschungen über holzbewohnende Pilze im gesamten Gebiet der Mongolei liegen zum Vergleich von Habitatpräferenz, Wirtsbäumen und Substratansprüchen der im Untersuchungsgebiet nachgewiesenen Arten mit anderen Regionen der Mongolei keine Vergleichsstudien vor.

Dai & Penttilä (2006) fanden in Nordost Chinas 161 poroide holzbewohnende Pilze in einem Untersuchungsgebiet mit einer höheren Diversität von Wirtsbäumen. In Südural wurden 139 (Kotiranta et al. 2005) und in Zentralural 161 Arten (Kotiranta et al. 2007) nachgewiesen. Die jetzt belegte Pilzartenvielfalt der Nordmongolei steht zwischen der Pilzartenzahl dieser Nachbarregionen (Tab. 5.1).

In dieser Untersuchung wurde die Pilzflora von sechs Bäumen bearbeitet, was weniger als die Hälfte der Zahl der untersuchten Baumarten in der Vergleichsregionen Nordostchina, aber mehr als in den Nordeuropäischen Vergleichsregionen ist. Da sich die genutzten Methoden, Größe der untersuchten Fläche, einbezogene Baumarten, Umfang, Fragestellung und Jahreszeit der Untersuchung, Zeitaufwand sowie Umfang der untersuchten Taxen von Studie zu Studie wesentlich unterscheiden, kann dieser Vergleich nur als grober Hinweis auf die Einordnung der vorliegenden Untersuchung verstanden werden. Es wird außerdem auf die unterschiedliche Zahl der Baumarten in den Untersuchungen hingewiesen, da diese auf die Pilzvielfalt einen entscheidenden Einfluss hat.

Tab. 5.1. Vergleich der nachgewiesenen Artenzahl holzbewohnender Pilze des Untersuchungsgebietes Westkhentey mit den Ergebnissen einiger Untersuchungen in anderen Ländern.

Untersuchungsgebiet (Land)	Nachge-wiesene Pilzartenzahl	Zahl der untersuchten Wirtsbaumarten	Zahl der Baumarten bzw. Gattungen, die auch im Westkhentey untersucht wurden		Zahl der Pilzarten, die auch im Westkhentey vorkommen
			Baumarten	Baumgattungen	
Westkhentey, Mongolei (diese Untersuchung, 2009)	152	6			
Südfinnland (Penttilä et al., 2004)	85	> 4	1	3	25
Zentralschweden (Lindhe et al., 2004)	148	5	1	2	31
Zentralural, Russland (Kotiranta et al., 2005)	139	> 10	4	2	49
Nordost China (Dai, & Penttilä, 2006)	161	> 15	0	6	43
Wisconsin und Michigan, USA (Lindner et al., 2006)	255	14	1	4	39
Südural, Russland (Kotiranta et al., 2007)	161	> 13	3	3	49
Süddeutschland (Müller et al., 2007)	196	>5	0	?	22

5.2.2. Artenvielfalt und Abundanz holzbewohnender Pilze im Untersuchungsgebiet

Abb. 4.2 zeigt die Verteilung der in den HTU, DTU und DTO nachgewiesenen Arten auf die verschiedenen Lebensräume. Die Artenakkumalationskurven verlaufen für alle Standorttypen relativ gleichmäßig flach, wobei bei der HTU sich eine Tendenz dafür zeigt, dass die Kurve sich der Sättigung annähert (siehe Abb. 4.3). Für die beiden dunklen Taiga-Standorttypen steigen die Kurven auch bei zunehmender Untersuchungsflächenzahl noch stärker an, was darauf hindeutet, dass es noch Pilzarten gibt, die in dieser Untersuchung nicht nachgewiesen wurden. Die Untersuchung wurde im August und im September durchgeführt, in denen die meisten Pilzarten ihre Fruchtkörper bilden. Trotzdem konnten wohl nicht alle Arten entdeckt werden, vor allem wegen abweichender saisonaler Fruchtkörperbildung einzelner Arten und den unterschiedlich langen Lebensdauern dieser Fruchtkörper. Zum Zeitpunkt der Untersuchung hatten manche Arten ihre Fruchtkörper noch nicht gebildet. Durch die Untersuchung von Berglund et al. (2005) wurde festgestellt, dass die Fruchtkörper der meisten holzbewohnenden Pilzarten kürzer als vier Jahren am Substrat leben, auch wenn es um perenniale Arten geht, während die Lebensdauer der meisten Arten auf Substraten mit einem BHD von mehr als 30 cm fünf bis acht Jahre beträgt (Jönsson, 2008).

In Bezug auf Artenzahl und der Abundanz unterscheiden sich liegende Bestände an den untersuchten Standorttypen signifikant voneinander, während in den durch Waldbrände beeinflussten Wäldern signifikante Unterschiede bei stehenden Beständen nachgewiesen wurden. Die HTU und die DTU, in denen die Baumarten mit reicher Pilzflora vorkommen, haben jeweils mehr Pilzarten an liegenden Stämmen und Stümpfen als die DTO.

Abb. 5.2. Die Birke ist eine Schlüsselart im Untersuchungsgebiet. Durch Feuer abgestorbenes Totholz ist nicht nur für holzbewohnende Pilze ein Lebensraum, sondern wird von einer Vielzahl anderer Organismen genutzt. Rechts: Nach dem Feuer gebildete Fruchtkörper von *Pleurotus ostreatus* an einer stehenden Birke.

Die Bestände F2002 und F2007 mit schweren Brandschäden zeigen jeweils höhere Pilzabundanz als der Kontrollwald (Abb. 4.20), der mehr als 15 Jahre kein Feuerereignis erlebt hat. Das erklärt sich damit, dass die Bäume durch Feuerschaden ihre Abwehrkräfte verloren haben und dadurch den Pilzen mehr besiedelbare Ressourcen zur Verfügung stellen. Der F2002-Bestand war der artenreichste Standort (Abb. 4.20). Mögliche Erklärungen sind die angenommene höhere Feuerintensität, wodurch eine größere Menge von Totholz entstanden sein sollte und ein ausreichend langer Zeitraum seit dem letzten Feuer, der insbesondere bei widerstandsfähigeren Baumarten wie der Lärche zur Besiedlung durch die Pilze nötig ist (Bader et al. 1995, Renvall 1995).

5.2.3. Pilzartenzusammensetzung holzbewohnender Pilze im Untersuchungsgebiet

Die beiden Taiga-Standorttypen haben fünf Baumarten gemeinsam, nur die dominierenden Baumarten sind dort nicht gleich. In der HTU kommt noch die Pappel dazu, die in den beiden Taiga-Standorttypen nicht vorkommt (Siehe Tab. 2.1 und 2.2). Die Diversität der Baumarten ist ein wichtiger Faktor für die Artenvielfalt und die Pilzartenzusammensetzung (Küffer & Béatrice, 2004, Heilmann-Clausen, 2005, Spooner & Roberts, 2005). Dies wurde bei dem Vergleich der Pilzartenzusammensetzung an den untersuchten Standorttypen bestätigt. Die beiden Dunklen Taiga-Standorttypen zeigen in Bezug auf die Pilzartenzusammensetzung eine hohe Ähnlichkeit. Die Pilzartenzusammensetzung der HTU ist von den beiden dunklen Taiga-Standorttypen deutlich unterschiedlich, ähnelte aber in seiner Pilzflora der DTU als der DTO (Abb. 4.7). Außer der Zusammensetzung der Baumarten spielen weitere Umweltfaktoren eine Rolle: So korreliert die Pilzartenzusammensetzung in Beständen der HTU mit der Hangneigung, während sie in Beständen der DTU mit dem Anteil der Nadelbäume korreliert ist. In der DTO korreliert die Pilzartenzusammensetzung mit der Höhenstufe (Abb. 4.8).

Die Pilzartenzusammensetzung in den durch Waldbrände beeinflussten Wäldern und im Kontrollwald unterscheidet sich signifikant und zeigt eine Sukzession in der Besiedlung (Abb. 4.22). So ähnln sich die Pilzzusammensetzung des Kontrollwaldes und des Bestandes F1996 am stärksten. F1996 und F2002 weisen ebenfalls eine hohe Ähnlichkeit auf. Die Bestände F2002 und F2007 mit relativ jüngerem aber intensiverem Feuer ähnln sich ebenfalls hinsichtlich ihrer Pilzzusammensetzung. Durch Feuer können entweder lebende Bäume von Pilzen besiedelt werden oder vorherige Ansiedler vom Holz beseitigt werden, da physisch-chemischen Bedingungen im Substrat geändert werden (Rayner & Boddy, 1988), womit sich die Änderung der Pilzzusammensetzung und die beobachtete Sukzession erklärt.

Junninen et al. (2008) berichteten über eine Änderung der Pilzartenzusammensetzung vier Jahre nach dem Feuer. Penttilä (2004) wies sechs Jahre nach einem Feuer ungefähr die gleiche Artenzahl wie vor dem Feuer nach. Dreizehn Jahre nach dem Feuer stieg nicht nur die Gesamtartenzahl deutlich an, sondern nahm die Zahl der Arten der Roten Liste erheblich zu. Vor diesem Hintergrund könnte man sich vorstellen, dass je weiter der Brand zurück lag, desto besser konnte sich der Wald vom Feuerschaden wieder erholen bzw. regenerieren und besitzt wieder die Pilzflora, über die er vor dem Brand verfügte. So erklärt sich wohl die hohe Ähnlichkeit von F1996 mit dem Kontrollwald. Korreliert mit der erhöhten Substratvielfalt und -angebot steigt nach einem Feuer die Artenzahl jedoch an. Daher enthält der Kontrollwald mit mehr als 15 Jahre zurückliegendem Feuerereignis weniger Pilzarten als die durch Feuer geschädigten Wälder.

5.3. Verteilung der holzbewohnenden Pilze auf verschiedenen Baumarten

Die Birke ist ein wichtiger Wirtsbaum für holzbewohnende Pilze. Sie ist an verschiedenen Standorttypen (in der HTU 53 %, in der DTU 9 % und in der DTO 0.2 % der Bestände) vertreten und hat die höchste Pilzartendiversität und Abundanz.

Die nachgewiesene Pilzartenzahl an den im Untersuchungsgebiet vorkommenden Baumarten wurde in Tabelle 5.2 mit Daten aus der Literatur verglichen. Daraus ist erkennbar, dass die Lärchen mit 48 Pilzarten und die Birken mit 59 Pilzarten im Westkhentey eine relativ diverse Pilzflora besitzen.

Tab.5.2. Artenzahl holzbewohnender Pilze an verschiedenen Baumarten im Westkhentey, Mongolei, in Nordost China und in der Schweiz.

Untersuchungsgebiet	Gesamte Artenzahl	An *Picea*	An *Pinus*	An *Abies*	An *Larix*	An Laubbaumarten
Westkhentey, Mongolei (diese Untersuchung, 2009)	152	40	41	24	48	59 (Nur an *Betula*)
Schweiz (Küffer & Béatrice, 2004)	238	101	35	40	17	25 (Nur an *Betula*)
Nordost China (Dai, & Penttilä, 2006)	161	80 (an 2 Picea-Arten)	44	26	18	91 (mehrere Laubbaumarten)

Die Untersuchung von Bai (2005) über die höhlenbrütenden Vogelarten im gleichen Untersuchungsgebiet bestätigt das Phänomen. Über 50% der Höhlen befanden sich in Birken. Birke hatte eine fundamentale Bedeutung in dem Untersuchungsgebiet sowohl hinsichtlich ihrer hohen Höhlenverfügbarkeit als auch ihrer hohen Abundanz. Bai (2005) stellte einen Zusammenhang zwischen holzbewohnenden Pilzen und höhlenbrütenden Vögeln fest, da 29% der stehenden Bäumen mit Pilzfruchtkörpern Baumhöhlen aufwiesen, obwohl insgesamt nur 5% der stehenden Bäumen Pilzfruchtkörper besaßen.

5.3.1. Pilzbesiedlung der Baumarten

Die Ergebnisse der Untersuchung der verschiedenen Baumarten zeigen, dass die Totholzmenge der einzelnen Baumarten (mögliche Ressource) unterschiedlich genutzt werden. So werden beispielsweise 63.7 % der liegenden Birken von Pilzen bewohnt, während nur 32.4 % der liegenden Zirbelkiefern von Pilzen besiedelt werden. Es werden nur 0.6 % von insgesamt 1343 aufgenommenen stehenden Zirbelkiefern von Pilzen befallen, aber 5.3 % der 794 untersuchten stehenden Birken (Tab. 4.4). Das kann zum Teil durch die unterschiedliche Lebensdauer der einzelnen Arten erklärt werden. Birken erreichen ein Alter von 150 (max. 250) Jahren, während

Zirbelkiefer mehr als 500 Jahre alt werden (Koropachinskiy & Vstovskaya, 2002), womit sich ein höherer Anteil der stehenden Birken in einer späten, geschwächten Lebensphase befindet und somit anfälliger für Pilze ist. Zusätzlich spielt die unterschiedliche Widerstandsfähigkeit der Baumarten (z.b. Nadelbäume haben einen höheren Ligningehalt als Laubbäumen) und Abwehrmechanismen (z.b. gegen Pilzhyphen toxisch wirkende Schutzstoffe oder Abwehrstoffe) der einzelnen Baumarten eine Rolle.

5.3.2. Pilzarten pro Substrat bei verschiedenen Baumarten

Auf einem lebenden Baum bzw. stehendem Totholz treten unabhängig von der Baumart höchstens zwei Pilzarten auf. Außer chemische und physische Barriere, die die Pilze für den Zugang zu lebenden Baum überwinden müssen (Rayner & Boddy, 1988), könnten die kompetitive Wechselwirkungen bzw. die gegenseitige Hemmung der Pilze, beispielsweise aufgrund toxischer Stoffwechselprodukte (Schmidt, 1994), ein weiterer Grund sein, der die Entwicklung mehrerer Arten an einem Baum beschränkt. In den durch Waldbrände beeinflussten Wäldern nimmt die Artenzahl an stehenden Birken auf bis zu acht Pilzarten pro Substrat zu. Mehrfachbesiedlungen macht ca. 27 % der Aufnahmen aus. Viele saprotrophe Pilzarten, die normalerweise auf liegenden Bäumen vorkommen, finden optimale Bedingungen an stehenden, brandgeschädigten Birken.

5.4. Pilzbesiedlung und Substrateigenschaften

Für die Pilzbesiedlung bei liegenden Beständen ist in den untersuchten Taigastandorttypen der Zersetzungsgrad entscheidend (Siehe Tab. 4.8). Bei vier von sechs Baumarten stellt das „mittelmäßig zersetzte" Substrat die wichtigste Totholzeigenschaft für die Pilzbesiedlung dar bzw. es gab signifikant mehr Birken, Zirbelkiefer, Tannen und Fichten mit Pilzbesiedlung als Birken, Zirbelkiefer, Tannen und Fichten ohne Pilzbesiedlung. Die meisten Pilzarten, die im Untersuchungsgebiet häufig gefunden wurden, wachsen ebenfalls an mittelmäßig zersetzten Substraten (Abb. 4.13). Im Laufe der Zersetzung werden die Wechselbeziehungen von Pilzarten umfangreicher, so dass in der mittleren Phase der Zersetzung eine höhere Diversität und Abundanz der Pilzarten aufkommt (Renvall, 1995; Boddy, 2000; Sippola, 2004; Heilmann-Clausen, 2005). Liegende Stämme werden gegenüber Stümpfen bevorzugt von Pilzen besiedelt, was nach Lindblad (1998) und Lindhe et al. (2004) auf den Bodenkontakt somit eine bessere Feuchtigkeitsversorgung der Substrate zurückzuführen ist. Unterschiede bei Flüssigkeitsströmung und bei der Lebensdauer lebender Gewebe sind zwischen den Stümpfen und Stämmen ebenfalls zu erwarten (Rayner & Boddy, 1988).

In den durch Waldbrände beeinflussten Wäldern wird die Pilzbesiedlung bei stehenden und liegenden Birken und Lärchen von unterschiedlichen Eigenschaften gesteuert (Siehe Tab. 4.17). Die

Feuerintensität, die Feuerhöhe und dadurch bedingtes Absterben spielt bei stehenden Birken für die Pilzbesiedlung eine entscheidende Rolle. Es gibt signifikant mehr stehende tote Birken mit Pilzbesiedlung als stehende tote Birken ohne Pilzbesiedlung in allen angebrannten Wäldern. Des Weiteren gibt es signifikant mehr Birken mit mittelmäßigen Feuerschäden, bei denen das Feuer mehr als zwei Metern des Stammes erreichte mit Pilzbesiedlung als solche ohne Pilzbesiedlung. Liegende Birken mit starkem Feuerschaden haben auch signifikant mehr Pilzbesiedlung als liegende Birken mit starkem Feuerschaden ohne Pilzbesiedlung (Tab. 4.17) aufzuweisen. Es gibt mehr stehende tote Lärchen mit Pilzen als stehende tote Lärchen ohne Pilzbesiedlung in F1996 (Siehe Tab. 4.17).

5.5. Pilzbesiedlung lebender Bäume und Totholzobjekte

83 % der an den HTU, DTU und DTO aufgenommenen Pilzarten sind Saprotrophen bzw. Pilze, die ausschließlich tote Stämme und Stümpfe bewohnen. Nur *Laricifomes officinalis* und *Spongipellis spumeus* treten im Untersuchungsgebiet als fakultative Parasiten auf. 19 Pilzarten werden sowohl auf stehenden Bäumen als auch auf liegendem Totholz gefunden.
Der Vergleich von sechzehn Pilzarten an Birken, die sowohl in den angebrannten Wäldern als auch im Kontrollwald vorkommen, hat gezeigt, dass die meisten Arten, die im Kontrollwald ausschließlich oder vorwiegend auf liegenden Birken vorkommen, in den Wäldern mit Brandgeschichte überwiegend auf stehenden Birken auftreten (Tab. 4.13). Nach Störungen wie Waldbränden ist eine zunehmende Dominanz weniger Arten in der Artengemeinschaft zu erwarten (Odum, 1985). Nach dem Feuer treten in der Regel ruderale Arten auf, die neue konkurrenzfreie Ressourcen besiedeln oder Arten, die sonnige und trockene Stelle bevorzugen (Penttilä, 1996). Die meisten Arten, die in den durch Waldbrände beeinflussten Wäldern häufig zu finden sind, sind solche Arten. Bei *Auricularia auricula-judae, Daldinia concentrica, Irpex lacteus, Phanerchaete magnoliae, Pleurotus cornucopiae, Pleurotus ostreatus, Schizophyllum commune, Trametes hirsuta* und *Trichaptum biforme* an Birken und *Trichaptum fuscovioleceum* an Lärchen finden sich die Fruchtkörper bei 52-100 % (durchschnittlich 75 %) der Aufnahmen an verbrannten Stellen des Substrates. Somit scheinen sie vom Feuer zu profitieren.
Die Fruchtkörper von *Trichaptum fuscovioleceum, Schizophyllum commune, Trametes hirsuta* und von *Auricularia auricula-judae* sind bei jeweils 80%, 81%, 93% und 100% der Aufnahmen am Stammfußbereich der stehenden Bäumen zu finden, was darauf hindeutet, dass durch Feuerschäden bedingtes Absterben im Wurzel- und Stammfußbereich optimale Bedingung für das Eindringen und Fruchtkörperbildung dieser Arten geschaffen werden. Die Pilze, die sich an durch Sonnenbrand geschädigten Bäumen ansiedeln, bleiben oft in oberflächlichen, abgestorbenen Holzteilen und

wachsen im allgemeinen nur in den äußersten Zonen der lebenden Bäumen (Jahn, 2005), was für die o.g. Pilzen auch der Fall sein könnte. *Phanerchaete magnoliae* wurde nur in F2007 auf 38 Birken gefunden. Bei Penttilä (2004) wird sie für eine durch Feuer bevorzugte Art gehalten, die konkurrenzfreie neue Substrate effektiv besiedelt.

5.6. Substratansprüche häufig gefundener Pilzarten

An den untersuchten Standorttypen HTU, DTU und DTO wurden *Fomes fomentarius, Fomitopsis pinicola, Neolentinus lepideus, Phellinus chrysoloma, Schizophyllum commune, Stereum sanguinolentum, Trichaptum abietinum, Trichaptum fuscovioleceum* und *Trichaptum laricinum* am häufigsten gefunden. *Schizophyllum commune* und *Neolentinus lepideus* sind weltweit verbreitet (Breitenbach & Kränzlin, 1991). Alle anderen Arten sind holarktisch. *Fomes fomentarius* wurde im Untersuchungsgebiet nur an Birken gefunden. Dieser Pilz bevorzugt in Nordeuropa Birken und in den Mittelmeerländern Eichenarten. Er kommt an vielen weiteren Laubbäumen vor, wird aber nur sehr selten an Nadelbäumen gefunden (Jahn, 2005). Das Vorkommen von *Neolentinus lepideus* beschränkt sich in dieser Untersuchung auf Lärchen (Moser, 1978). Diese Art ist in Europa an toten Lärchen, Fichten und Kiefern sonniger Standorte zu finden und kommt vorwiegend in montanen Lagen vor (Breitenbach & Kränzlin, 1991). Im Untersuchungsgebiet kommt sie zu 92 % auf abgesägten Lärchenstümpfen, in den meisten Fällen an der oberen Schnittfläche, vor. Auf Stämmen dagegen wurde sie ganz selten gefunden. *Fomitopsis pinicola* wurde an allen untersuchten Baumarten nachgewiesen. Die übrigen Arten wurden jeweils an drei bis vier Baumarten registriert. Der Vergleich des Vorkommens der zehn Pilzarten, die in den beiden Taiga-Standorttypen gemeinsam vorkommen und relativ häufig aufgenommen wurden (auf mehr als 10 Substraten registriert) zeigen, dass *Laurilia sulcata, Phellinus chrysoloma* und *Phellinus weirii* tiefer gelegene Standorttypen bevorzugen, während *Dacrymyces chrysospermus* und *Trichaptum laricinum* im Untersuchungsgebiet in den Standorttypen in höheren Lage häufiger vorkommen (Tab. 4.7). *Stereum sanguinolentum* und *Phellinus chrysoloma* sind im Untersuchungsgebiet auf gering zersetzten Substraten am häufigsten anzutreffen. *Stereum sanguinolentum* gehört zu den Pilzen, die sich in der ersten Phase der Pilzbesiedlung schnell entwickeln und dann verschwinden, wenn konkurrenzfähigere Arten zu dominieren beginnen (Rayner & Boddy, 1988). Das Vorkommen von *Phellinus chrysoloma* auf gering zersetzten Substraten erklärt sich mit seiner saproparasitischen Lebensweise. Viele Saproparasiten leben zuerst parasitisch an lebenden Bäumen, entwickeln sich dann saprotroph weiter in den von ihnen abgetöteten Bäumen und bilden nach dem Umbrechen des Stammes ihre Fruchtkörper besonders intensiv aus (Jahn, 2005). Die Fruchtkörper von *Phellinus chrysoloma* wurden im Untersuchungsgebiet gleich häufig an Astansätzen stehenden Baume wie liegender Stämme gefunden. *Fomes fomentarius* nutzt entweder die nicht und/oder gering zersetzten Substrate oder stark zersetzten Substrate am meisten. Ihr Vorkommen auf nicht und gering zersetzten Substraten kann ebenfalls mit die saproparasitische Lebensweise zurückzuführen sein. Dass sie auf stark zersetzten Substraten häufiger zu finden ist, könnte auf ihre Konkurrenzfähigkeit beruhen oder auf die Langlebigkeit ihrer Fruchtkörper hindeuten.

5.7. Pilzsukzession in der Initialphase der Zersetzung an Birken

In einem Zeitraum von drei Jahren nach Fällung der Birken wurden an den fünfzehn Birken insgesamt 23 Pilzarten nachgewiesen. Das sind 77 % der Pilzflora ihrer Umgebung im gleichen Wald und 39 % der Pilzflora der Birken im gesamten Untersuchungsgebiet. Das bestätigt die Aussage, dass lokale Abundanz und Zusammensetzung der Pilzflora und das Vorhandensein von Substraten in der späteren Zersetzungsphase in der Nachbarschaft eine höhere Sporenablagerung aus dem lokalen Artenpool eines Standorts ermöglicht und somit die Kolonisation holzbewohnender Pilze an frisch gefällten Bäumen stark beeinflusst (Lindblad, 1998; Edman, 2004). Die Artenzahl steigt signifikant in den ersten drei Jahren an. Im 3. Jahr nach der Fällung ist die Artenzahl pro Birke nicht nur höher als in den ersten zwei Jahren nach der Fällung, sondern auch signifikant höher als die Artenzahl pro Vergleichsbirke fortgeschrittener Zersetzung in der Nachbarschaft. Das entspricht den Ergebnissen von Junninen et al. (2006), dass die erste offene Sukzessionsphase der Pilzbesiedlung die artenreichste Phase in allen Wälder darstellt. Die Ergebnisse der neunjährigen Sukzessionsuntersuchung an Stämmen und Stümpfen von vier Baumarten von Lindhe et al. (2004) wiesen die höchste Artenzahl vier Jahre nach der Fällung aus. Man kann sich vorstellen, dass die Arten, die bevorzugt an relativ trockenen Ästen und Zweigen fruktifizieren, im Laufe der Sukzession verschwinden, weil trockene Substrate aufgebraucht sind und die starken Stämme in spätere Zersetzungsphase mit gutem Wasserhaltepotenzial für sie keine guten Bedingung mehr bieten. Durch diese Untersuchung konnten *Chondrostereum purpureum, Daldinia lloydii, Plicaturopsis crispa* und *Trametes versicolor, Bjerkandera adusta, Lenzites betulina, Nectria cinnabarina, Schizophyllum commune* und *Stereum hirsutum* als Pionierarten der Sukzession identifiziert werden, die in den ersten Jahren häufiger vorkommen, dabei jedoch an den Vergleichsbirken in der Umgebung nicht oder nur ganz selten gefunden wurden. Lindhe et al. (2004) lieferten das gleiche Ergebnis bei den Arten *Chondrostereum purpureum, Lenzites betulina* und *Stereum hirsutum*. In Europa sind diese Arten die charakteristischen Besiedler an lagernden Laubholzstämmen. *Chondrostereum purpureum, Stereum hirsutum* und *Schizophyllum commune* erscheinen zu Beginn der Sukzession, gefolgt von *Trametes versicolor, Lenzites betulina* und *Bjerkandera adusta* (Jahn, 2005).

Zwei Jahre nach der Fällung hatten alle Birken Pilzfruchtkörper. Diese erfolgreiche Pilzbesiedlung kann damit erklärt werden, dass eine Birke in der Initialphase der Zersetzung mit ihren noch vorhandenen Ästen und Zweigen, mit Stumpf, Schnittfläche und Stamm über reiche Strukturen verfügt, die für die einzelnen Pilzarten mit ihren verschiedenen ökologischen Ansprüchen besiedelbar sind. Es steht im Einklang mit der Studie von Heilmann-Clausen & Christensen (2003), in dem nachgewiesen wurde, dass komplexe Stämme mit reicher Verzweigung eine hohe Diversität fördern. Das ist wohl auch der Grund für eine reiche Vergesellschaftung der Pilze, die drei Jahre nach der Fällung beobachtet wurde. Bei den gefällten Birken sind vier bis elf verschiedenen Pilzarten vergesellschaftet. Die in der Initialphase der Zersetzung häufigste Art *Schizophyllum commune* ist mit *Bjerkandera adusta, Chondrostereum pupureum, Daldinia lloydii, Exidia glandulosa, Lenzites betulina* und *Plicaturopsis crispa* bei mehr als 75% der Fälle vergesellschaftet. An allen Birken, an denen *Irpex lacteus* zu finden ist, fruktifizierte auch *Schizophyllum commune*. Zwischen diesen Arten können innerhalb der Vergesellschaftung konkurrierende, neutralistische oder auch mutualistische Beziehungen herrschen (Rayner & Boddy, 1988).

5.8. Pilzbesiedlung im Untersuchungsgebiet

Die Besiedlung eines Baumes mit holzbewohnenden Pilzen unterscheidet sich wie wir gesehen haben hinsichtlich der Baumart, seinem Alter und Zustand (stehend/liegend, lebend/tot, Zersetzungsgrad, Feuerschäden) sowie seinem Standort (Standorttyp der Waldgesellschaft und Höhenstufe). Diese Faktoren beeinflussen folglich die Pilzflora in der Region Westkhentey.

5.8.1. Höhenstufe und Standorttypen
Die Besiedlung von Baumarten mit holzbewohnenden Pilzen ist abhängig vom Standort des Baumes in den Standorttypen, die unterschiedliche Waldgesellschaften repräsentieren und damit auch von der Höhenlage (generell: HTU - niedrige Höhenstufe, DTU - mittlere Höhenstufe, DTO - obere Höhenstufe). Zirbelkiefern werden in höheren Lagen, also z.B. im Vergleich von Beständen der oberen Dunklen Taiga (DTO) gegenüber Bäumen, die in der Dunklen Taiga unterer Bergstufe (DTU) wachsen, nur halb so oft von Pilzen besiedelt. Tannen und Fichten hingegen werden in Standorttypen in einer höheren Lage etwas mehr von Pilzen besiedelt als in Beständen der tiefer gelegenen Standorttypen. Bei Birken und Lärchen wurde kein entsprechender Unterschied beobachtet (Tab. 4.9).

5.8.2 Vergleich von stehenden und liegenden Beständen innerhalb der Standorttypen
Liegende Stämme und Stümpfe (gemittelt über alle untersuchten Baumarten) werden in den meisten Standorttypen mehr von Pilzen besiedelt als lebende Bäume und stehendes Totholz. Das ist nachvollziehbar, denn die meisten Arten sind bekanntlich an Totholz gebunden, das bei liegenden

Stämmen reichlicher zur Verfügung steht. Durch Feuer wurde jedoch im Untersuchungsgebiet die Situation derart verändert, dass es z.b. in den Wäldern F2002 und F2007 keine signifikanten Unterschiede zwischen stehenden und liegenden Beständen im Bezug auf die Pilzbesiedlung gab. In diesen Wäldern war die Feuerintensität höher als in F1996 (Abb. 4.17) und es wurden durch Feuer 83.7-88.8 % (Tab. 4.11) der Bäume teilweise bzw. komplett abgetötet, wodurch für die Pilze in großem Umfang stehende Totholz-Ressoursen entstanden.

5.8.3. Vergleich von stehenden und liegenden Beständen zwischen den Standorttypen
Liegende Stämme und Stümpfe (gemittelt über alle untersuchten Baumarten) werden in der HTU häufigerer von Pilzen besiedelt als in den beiden Dunklen Taiga-Standorttypen (DTU, DTH), was durch das dominierende Vorkommen der Birken mit ihrer reichen Pilzbesiedlung (Tab. 4.4) erklärt werden kann. Lebende Bäume und stehendes Totholz haben in der DTU ein höheres Pilzvorkommen als in der DTO, in der die Zirbelkiefer mit der geringsten Pilzbesiedlung (Tab. 4.4) den Waldstandort dominiert.

5.8.4. Vergleich stehender Birken und Lärchen zwischen den durch die Waldbrände beeinflussten Wäldern
In den untersuchten Wäldern war die Feuerintensität verschieden stark (Siehe Abb. 4.17 und Tab. 4.11). Sie hängt von vielen Faktoren ab wie Trockenheit, Wind, Hangneigung, Anhäufung von trockenem Gras, Unterholz etc. Die Waldbrände übten auf die einzelnen Baumarten verschieden starke Einflüsse aus. Die Feuerhöhe (=Flammenhöhe, Höhe der Verkohlung am Stamm) beispielsweise erreichte bei Birken in der Regel einen Meter des Stammes, während Lärchen bis zwei Metern hinaufragende Brandspuren aufwiesen. Durch die Hitze platzte wohl die Rinde der Birken ab und das Feuer konnte tiefer in das Splintholz eindringen, dafür aber den Stamm weniger hinaufbrennen. Bei den Lärchen hingegen wurden wohl die Flammen vor allem durch die grobborkige Rinde in die Höhe gezogen. Aus der Durchmesserverteilung stehender Birken (Siehe Abb. 4.16) kann die Dynamik von Feuer abgeleitet werden. Die Durchmesserverteilung stehender Birken ist in F1996 und im Kontrollwald ziemlich gleich. Das deutet darauf, dass das Feuer in F1996 relativ schwach und somit das Absterben von Birken dort gering war. Die Maxima von BHD waren in beiden Beständen 11-20 cm, gefolgt vom BHD von 21-30 cm. In F2002 und F2007 ist dagegen der Höhepunkt der Durchmesserverteilung bei 31-40 cm bzw. 21-30 cm, wonach man davon ausgehen kann, dass die jüngeren Birken dort nicht widerstandfähig genug waren und abgestorben und umgefallen sind. Der Einschlag von Lärchen mit einem BHD von mehr als 40 cm in fast allen Waldbeständen verhindert (in liegenden Beständen wurden 2.5-3.2mal mehr Lärchen(- stümpfe) aufgenommen als Birken) Aussagen zu den Feuerauswirkungen auf verschiedene Altersklassen von Lärchen.

Abb. 5.3. *Pycnoporellus fulgens* wird als eine Indikatorart für unberührte Lebensräume betrachtet. Von der Literatur ist es bekannt, dass der Pilz oft an Baumstämmen vorkommt, die zuvor schon von *Fomitopsis pinicola* besiedelt wurden, der häufigsten Pilzart im Untersuchungsgebiet.

Die Pilzbesiedlung an stehenden Birken und Lärchen unterscheidet sich in Wäldern mit und ohne Brandspur. Stehende Birken in F2002 haben signifikant mehr Pilzvorkommen als stehende Birken in F1996 und im Kontrollwald. Eine mögliche Erklärung bietet die erhöhte Zahl der absterbenden und toten stehenden Bäume in F2002 durch intensiveres Feuer, das optimale Bedingung für saprotrophe Pilzarten zur Besiedlung darstellen, die normalerweise auf liegenden Bäumen bevorzugt zu finden sind (Tab. 4.13). Junninen et al. (2008) nehmen an, dass Feuer für Pilze vermehrt Lebensraum in Form stehenden Totholzes oder schwer geschädigter Bäume zur Verfügung stellt. Dies führt zu einer Erhöhung der Pilzbesiedlung stehender feuergeschädigter Birken. Da diese aber durch die Pilze weiter zersetzt werden, fallen Sie innerhalb weniger Jahre um, wodurch die relativ geringe Pilzbesiedlung an stehenden Birken in F1996 erklärt werden kann.

Die stehenden Lärchen in F1996 und in F2002 haben jeweils signifikant mehr Pilzvorkommen als stehende Lärchen in F2007 und im Kontrollwald. Der Grund hierfür könnte der seit dem letzten Feuer vergangene Zeitraum sein, in dem die fakultativen Parasiten bzw. die Schwächeparasiten genug Zeit hatten, durch Feuer geschwächte Lärchen zu besiedeln. Renvall (1995) geht davon aus, dass die primären Zersetzer für die Entwicklung der auf sie folgenden Pilzgemeinschaften und auf die Artdiversität entscheidenden Einfluss haben. Die an den lebenden Bäumen und stehendem Totholz am häufigsten vorkommenden Arten, somit die primären Zersetzer sind im Untersuchungsgebiet *Prodaedalea pini*, *Phellinus chrysoloma*, *Laricifomes officinalis*, *Laetiporus sulphureus*, *Spongipellis spumeus*, *Fomes fomentarius* und *Fomitopsis pinicola*.

Durch Feuer wird nicht nur den Pilzen eine neue Ressource zur Verfügung gestellt, sondern auch höhlenbrütenden Vögeln. 76 % der Baumhöhlen im Untersuchungsgebiet wurden an Bäumen mit Feuerspuren gefunden (Bai, 2005).

5.8.5. Vergleich liegender Birken und Lärchen zwischen den durch die Waldbrände beeinflussten Wälder

Der Anteil der Pilzbesiedlung bei liegenden Birken beträgt in verbrannten Wäldern durchschnittlich 75.4 % gegenüber 62.8 % im Kontrollwald. Es waren zwischen den Standorttypen keine signifikanten Unterschiede zu finden, was darauf hindeutet, dass bei liegenden Birken die Pilzbesiedlung gewöhnlich im Bereich von 60-80% liegt, unabhängig ob der Wald einen Waldbrand erfuhr oder nicht. Bei liegenden Lärchen war der Pilzbesiedlungsanteil in den verbrannten Wäldern durchschnittlich 37.6 % gegenüber 45.2 % im Kontrollwald. Es wurden in F1996 signifikant mehr Lärchen mit Pilzen besiedelt als in F2007. Hintergrund könnte die Besonderheit der Lärchen sein, trotz Schwächung durch Feuer einer Pilzbesiedlung noch erhebliche Zeit Widerstand entgegensetzen zu können.

Abb. 5.4. *Hericium coralloides*, ein Naturnäherzeiger. Sie kommt im Untersuchungsgebiet an Birken vor.

Zusammenfassung

Holzbewohnende Pilze stellen einen wesentlichen Anteil der biologischen Vielfalt im Ökosystem Wald dar. Sie sind zusammen mit Bakterien die wichtigsten Destruenten, versorgen das Ökosystem ständig mit anorganischen Verbindungen und werden weitgehend als Indikator für ökologische Kontinuität und Naturschutzwert von Waldstandorten betrachtet.

Das Untersuchungsgebiet Khonin Nuga befindet sich im Westkhentey im Nordosten der Mongolei und gehört zur Pufferzone des Streng Geschützten Gebietes Khan Khentey. Hier grenzt die Sibirische Taiga mit mongolisch-daurischer Gebirgswaldsteppe an die zentralasiatisch-mandschurische Steppe. Durch das natürliche Nebeneinander von Gebirge, Wald, Steppenvegetation und Auenlandschaften und durch eine Mischung von borealen, temperaten und daurischen Elementen repräsentiert der Ort eine reiche Tier- und Pflanzenvielfalt, die bis auf anthropogenes Feuer wenig gestört ist.

Die Untersuchungen gliedern sich in folgende drei Schwerpunktthemen: 1. Die Erfassung von Vorkommen, Artenvielfalt, Abundanz und Artenzusammensetzung in den charakteristischen Vegetationstypen des Untersuchungsgebietes, das sind die Standorttypen „Helle Taiga der unteren Bergstufe" (HTU), „Dunkle Taiga der unteren Bergstufe" (DTU) und „Dunkle Taiga der oberen Bergstufe" (DTO). 2. Die Erfassung von Vorkommen, Artenvielfalt, Abundanz und Artenzusammensetzung in Waldbeständen, deren Feuer verschieden weit zurückliegt. Ausgewählt wurde eine Sequenz von Waldbeständen, die zuletzt 1996 (F1996, Feuer elf Jahre vor Untersuchungsbeginn), 2002 (F2002, Feuer fünf Jahre vor Untersuchungsbeginn) und 2007 (F2007, frisch abgebrannt) von Feuern erfasst waren. Als Kontrollwald wurde die HTU mit nur geringfügiger Feuerspur ausgewählt, in der das letzte Feuerereignis zu Untersuchungsbeginn länger als 15 Jahre zurücklag. 3. Die Untersuchung der Sukzession der Pilzbesiedlung in der Initialphase der Zersetzung an der Mandschurischen Birke (*Betula platyphylla*) im *Larix-Betula*-Wald für die ersten drei Jahre.

In den Standorttypen HTU, DTU und DTO wurden jeweils 60 Plots entlang von sechs je ein km langen Transekten und in den durch Waldbrände beeinflussten Wäldern jeweils 40 Plots entlang von vier je ein km langen Transekten bearbeitet. In jedem Plot wurden lebende Bäume und stehendes Totholz mittels Winkelzählproben erfasst. Die Aufnahme von liegenden Stämmen und Stümpfen erfolgte in einem Radius von 15 Metern um den Probeflächenmittelpunkt. Aufgenommene Bäume und Totholzobjekte wurden nach Fruchtkörpern holzbewohnender Pilze abgesucht. Aufgenommen wurden polyporoide und corticioide Basidiomyceten sowie wenige Arten von Ascomyceten, die relativ harte Fruchtkörper bilden. Für die Erfassung der Sukzession in der Initialphase der Pilzbesiedlung wurden im September 2004 fünfzehn gesunde Birken mit einem Durchmesser von ca. 20 cm gefällt. Die Pilzbesiedlung wurde in den Jahren 2005, 2006 und 2007 untersucht.

Im Rahmen der vorliegenden Arbeit wurden im Untersuchungsgebiet 152 holzbewohnende Pilze nachgewiesen, wovon 111 Pilze auf Artenebene bestimmt werden konnten. Die Nachweise von über 80 Pilzarten sind nicht nur für die Pilzflora des Khentey Gebietes, sondern für die gesamte Pilzflora der Mongolei neu.

Birken (*Betula platyphylla*) waren der bevorzugter Wirtsbaum für holzbewohnende Pilze im Untersuchungsgebiet mit insgesamt 59 nachgewiesenen Pilzarten. Auch die Abundanz der an den Birken vorkommenden Pilzarten war weitaus höher als an den anderen Baumarten. Die erhöhte Zahl der absterbenden und toten stehenden Birken nach Feuerereignissen bietet optimale Bedingungen für Besiedlung durch saprotrophe Pilzarten. An Lärchen (*Larix sibirica*) wurden insgesamt 48 Pilzarten registriert. Die Pilzbesiedlung bei Lärchen fand nicht schnell nach dem Feuer statt, jedoch wurden durch Feuer geschwächte Lärchen im Laufe der Zeit vermehrt mit Pilzen befallen. Zirbelkiefer (*Pinus sibirica*) besitzt eine Pilzflora mit 41 Pilzarten, war allerdings sowohl bei stehenden (0.6 %) als auch bei liegenden (32.4 %) Beständen am wenigsten von Pilzen besiedelt. An Tannen (*Abies sibirica*) wurden 24 Pilzarten und an Fichten (*Picea obovata*) 40 Pilzarten nachgewiesen. An Pappeln (*Populus tremula*) wurden 19 Pilzarten registriert.

In den untersuchten Taiga-Standorttypen spielt bei dem liegenden Bestand der Zersetzungsgrad eine wichtige Rolle für die Pilzbesiedlung. Bei Birken, Zirbelkiefern, Tannen und Fichten war das „mittelmäßig zersetzte" Substrat die wichtigste Totholzeigenschaft für das Pilzvorkommen. In den durch Waldbrände beeinflussten Wäldern spielt für die Pilzbesiedlung das Feuer, die Feuerhöhe und dadurch bedingtes Absterben stehender Birken eine entscheidende Rolle. Es gab signifikant mehr tote stehende Lärchen mit Pilzbesiedlung als tote stehende Lärchen ohne Pilzbesiedlung. Liegende Birken mit starkem Feuerschaden wurden ebenfalls signifikant häufiger von Pilzen bewohnt.

Liegende Stämme und Stümpfe werden generell mehr mit Pilzen besiedelt als lebende Bäume und stehendes Totholz. Einzige Ausnahme hiervon stellten die Wälder F2002 und F2007 mit ihrer intensiven Feuergeschichte dar, da in diesen Beständen massenhaft stehende Bäume abgestorben sind und dadurch den Pilzen eine große Zahl von neuen Ressourcen boten.

83 % der in den Standorttypen der HTU, DTU und DTO aufgenommenen Pilzarten bewohnen ausschließlich liegende Stämme und Stümpfe. Dem gegenüber weisen in feuerbeeinflussten Beständen stehende Birken 75 % der vorkommenden Pilzarten auf. Neun Pilzarten (*Auricularia auricula-judae, Daldinia concentrica, Irpex lacteus, Pleurotus cornucopiae, Pleurotus ostreatus, Schizophyllum commune, Trametes hirsuta, Trichaptum biforme, Trichaptum fuscovioleceum*) treten nach dem Feuer vermehrt an stehenden Birken auf. *Phanerchaete magnoliae* wurde nur im Wald nach frischem Feuer beobachtet und kann als „Feuer bevorzugende Art" betrachtet werden.

In Bezug auf Pilzbesiedlung, Pilzdiversität und Pilzabundanz bei stehenden und liegenden Beständen unterscheiden sich die untersuchten Standorttypen in mancher Hinsicht voneinander. Lebende Bäume und stehendes Totholz haben beispielsweise in der DTU höhere Pilzbesiedlung als in der DTO. Liegende Stämme und Stümpfe werden in der HTU häufigerer von Pilzen besiedelt als die beiden Dunklen Taiga-Standorttypen. Die HTU und die DTU weisen an liegenden Stämmen und Stümpfen jeweils mehr Pilzarten als die DTO auf. In der DTU ist die Pilzabundanz höher als in der DTO. F2002 ist unter den Beständen mit Feuergeschichte der artenreichste Bestand. F2002 und F2007 mit schweren Bränden zeigen jeweils höhere Pilzabundanz als der Kontrollwald, der mehr als 15 Jahre kein Feuerereignis erlebt hatte.

Die beiden Dunklen Taiga-Standorttypen zeigen in Bezug auf die Pilzartenzusammensetzung eine hohe Ähnlichkeit. Die HTU ist von den beiden dunklen Taiga-Standorttypen deutlich unterschiedlich, ähnelt aber hinsichtlich ihrer Pilzflora eher der DTU. Außer der Zusammensetzung der in den einzelnen Standorttypen vorkommenden Baumarten spielen für die Pilzartenzusammensetzung weitere Umweltfaktoren wie die Hangneigung (in der HTU), der Anteil der Nadelbäume (in der DTU) und die Höhenstufe (in der DTO) eine entscheidende Rolle. Die Artenzusammensetzung in den durch Waldbrände beeinflussten Wäldern und im Kontrollwald unterscheidet sich nicht nur signifikant voneinander, sondern es zeichnete sich auch eine deutliche Sukzession in der Pilzbesiedlung ab.

In der Initialphase der Zersetzung wurden an fünfzehn gefällten Birken über 3 Jahre insgesamt 23 Pilzarten nachgewiesen. Das sind 77 % der Pilzflora ihrer Umgebung im gleichen Wald und 39 % der gesamten Pilzflora auf Birken im Untersuchungsgebiet. Drei Jahre nach der Fällung war die Artenzahl pro Birke nicht nur höher als in den ersten zwei Jahren nach der Fällung, sondern sie war auch signifikant höher als die Artenzahl pro Vergleichsbirke mit fortgeschrittener Zersetzung in der Nachbarschaft. *Chondrostereum purpureum, Daldinia lloydii, Plicaturopsis crispa, Trametes versicolor, Bjerkandera adusta, Lenzites betulina, Nectria cinnabarina, Schizophyllum commune* und *Stereum hirsutum* kommen an Birken als Pionierarten der Pilzsukzession vor.

Das Untersuchungsgebiet beherbergt eine reiche Pilzflora. Die Untersuchung zeigt, dass unter den verschiedenen Baumarten die Birke eine Schlüsselart für holzbewohnende Pilze darstellt. Mit einer Pilzflora von bis zu 15 Pilzarten pro Baum übertrifft sie die Pilzbesiedlung der anderen Baumarten um das Dreifache.

Diese Untersuchung zeigt, dass durch die Waldbrände die Pilzartenzahl stehender Bestände in den natürlichen Standorttypen zunimmt, jedoch abhängig davon, wie intensiv das Feuer war und welcher Zeitraum seit dem letzten Feuer vergangen ist. Liegende Bestände wurden allgemein häufiger von Pilzen besiedelt als stehende Bestände, jedoch steigt die Pilzabundanz an stehenden Beständen in den Wäldern mit intensiver Feuergeschichte an.

Summary

Wood-inhabiting fungi represent a significant contingent of biodiversity in forest ecosystems. Together with bacteria, they constitute the main detrivores that are constantly providing the ecosystem with inorganic matters. Wood-inhabiting fungi are largely used as indicators of both ecological continuity and of conservation value to forest habitats.

The study area Khonin Nuga is located in the West Khentey region of Northern Mongolia, which belongs to the buffer zone of the Strictly Protected Area of Khan Khentey. It is a transition zone between the Siberian taiga and the Mongolian-Daurian forest steppe. Through the juxtaposition of natural mountain forest, steppe vegetation and riverine forests, and a mixed assemblage of boreal, temperate and daurian elements, the study area Khonin Nuga represents a rich floral and faunal diversity, which has been least disturbed by human activities except for anthropogenic fires.

In the present study investigations were done on the following topics: 1. The study of fungal occurrence, species diversity, abundance and species composition of wood-inhabiting fungi in the characteristic vegetation types of the study area, which can be categorised into the following habitat types: "The Light taiga of the lower montane belt" (HTU),"The Dark Taiga of the lower montane belt" (DTU) and "The Dark taiga of the upper montane belt" (DTO). 2. The study of fungal occurrence, species diversity, abundance and species composition in forests, which vary widely across their fire history. Three forest types that were differentially affected by fire in 1996 (F1996, fire eleven years ago), in 2002 (F2002, fire five years ago) and in 2007 (F2007, freshly burned) were selected for investigation. As a control site, the forest HTU with only minor traces of fire occurrence and having a history of more than 15 years of not being subjected to burning was selected. 3. The investigations on the succession of fungal colonization in the initial phase of decomposition by the Manchurian birch (*Betula platyphylla*) in *Larix-Betula* forest for the first three years.

For investigations and sampling, 60 plots in each of the habitat types - HTU, DTU and DTO were selected. This amounted to six transects each measuring one km within each habitat type. In each of the three fire affected forests and in the control forest, 40 plots were selected. There were four transects each measuring one km within each habitat type. In each plot, living trees and standing deadwood were investigated using angle count samples. Individual counts of logs and stumps were carried out within a radius of 15 meters around the plot center. The records of fungi fruit bodies were registered on all recorded trees and deadwood objects. The recorded species were Polyporoide and Corticioide Basidiomycetes and a few species of Ascomycetes, which formed relatively hard fruit bodies. For observing the succession trend during the initial phase of fungal colonization, in September 2004, fifteen healthy birch trees with a diameter of about 20 cm were cut. Thereafter the fungal colonization during a three year time period (2005 – 2007) was investigated.

The study showed a total record of 152 species of wood-inhabiting fungi out of which 111 fungi were identified at species level. The evidence of more than 80 new species of wood-inhabiting fungi is not only significant for the fungal flora of the Khentey area, but also for the entire fungal flora of Mongolia.

The birch (*Betula platyphylla*) was found to be a preferred host tree for the wood-inhabiting fungi in the study area with a total of 59 fungal species recorded on this host tree. The fungal abundance on birch trees was also found to be much higher as compared to other tree species. The increased number of dying and dead standing birch trees after the fire was found to be the optimum condition for the saprotrophic fungal species colonization. Forty-eight fungal species were recorded on the larch (*Larix sibirica*) trees within the study area. Although the fungal colonization in larch was not observed to be fast after the occurrence of fire, however over a prolonged time period, with those larches getting weakened due to fire, the fungal inhabitation was observed to increase. Siberian pine (*Pinus sibirica*) had a rich fungal flora with 41 species of wood-inhabiting fungi, but only 0.6 % of standing and 32.4 % of lying Pine trees were inhabited by the fungi, thereby indicating high species richness of fungi on Pine but a low incidence of fungal growth on *Pinus sibirica*. On the firs (*Abies sibirica*), 24 fungal species and on the spruce (*Picea obovata*) 40 fungal species were confirmed. In poplars (*Populus tremula*), 19 fungal species were recorded.

The degree of decomposition of logs and stumps played an important role in fungal colonization in the investigated taiga habitat types. For birch, stone pine, fir and spruce "moderate decomposition" substrate was found to be most important for the deadwood fungal occurrence. In the fire affected forests, the fire intensity, fire height and thus fire-induced death of trees was found to be a crucial factor for fungal occurrence on standing birch. It was significant more dead standing larch trees with fungi than dead standing larch trees without fungi. Fungi also significant frequently inhabited birch logs with strong fire damage.

Logs and stumps were generally found to be more populated with fungi as compared to live trees and standing deadwood. The only exception to this were the forest types F2002 and F2007 which had a high standing dead mass due to their intense fire history, and this generated a good source for new fungal growth.

83 % of the total recorded fungal species in HTU, DTU and DTO were found to exclusively inhabit logs and stumps. But in the forests with fire history, 75 % of fungal species occurrence was found on standing birches. Nine fungal species (*Auricularia auricula-judae, Daldinia concentrica, Irpex lacteus, Pleurotus cornucopiae, Pleurotus ostreatus, Schizophyllum commune, Trametes hirsuta, Trichaptum biforme, Trichaptum fuscovioleceum*) were observed to show high occurrence after fire on standing birch trees. *Phanerchaete magnolia* was observed exclusively in the forest affected by fresh fire and could be considered as "fire preferring species".

With regard to fungal occurrence, fungal diversity and abundance in the standing and lying stocks differed within the investigated habitat types in some respects from each other. Living trees and standing dead wood in the DTU, for example, were found to have higher fungal colonization than in the DTO. Logs and stumps were found to be more frequently populated with fungi in the HTU than the two dark taiga habitat types. The HTU and DTU habitat types each showed more fungal species on logs and stumps than in the DTO. The DTU was found to have higher abundance of wood inhabiting fungi than the DTO. F2002 forest type was found to be the richest stand in respect to fungal species in the forests with the fire history. Each of the F2002 and F2007 with heavy fire showed higher abundance of wood-inhabiting fungi than the control forest, which had no fire more than 15 years.

The two dark taiga habitat types showed a high degree of similarity in terms of fungal species composition. The HTU was clearly different from the two dark taiga habitat types, but with respect to their fungal floral composition was found to be rather similar to the DTU. Apart from the composition of the occurring tree species, there were also other crucial environmental factors such as the slope (in the HTU), the proportion of coniferous trees (in the DTU) and the altitude level (in the DTO) which determined the fungal species composition. The species composition in the fire-affected forests and in control forest not only differed from each other, but there was a clear succession in terms of occurrence of fungal species.

During the initial phase of decomposition covering a period of three years, 23 fungal species were recorded on fifteen cut birches. This represented 77 % of the fungal flora in the same forest and 39 % of the fungal flora of the birch trees within the whole study area. Three years after the cutting, the number of species per birch was not only higher than in the first two years after the cutting, but was also significantly higher than the species number per control birch in the neighbourhood with advanced decomposition. Nine species (*Chondrostereum purpureum, Daldinia lloydii, Plicaturopsis crispa, Trametes versicolor, Bjerkandera adusta, Lenzites betulina, Nectria cinnabarina, Schizophyllum commune* and *Stereum hirsutum*) were found to occur as pioneer species of fungal succession on birch.

The study area could be considered to be rich in fungal flora. As observed from the present investigation, it was found that the birches played a key role for wood-inhabiting fungi within the study area. With a fungal flora of up to 15 fungal species per birch tree, it was found to be triple times more than the number of fungal species occurrence per other tree species.

Due to forest fires, the number of fungal species inhabiting standing trees in the natural habitats increased, but this was largely dependent on how intense the fire was and what period of time since the last fire had occurred. From this study it was found that fungal colonization was always high on logs and stumps than standing trees, but in forests with intensive fire history, there was increased fungal abundance on standing dead and partially dead trees.

Literaturverzeichnis

Agerer, R., (Ed.) 1987-2002. Colour Atlas of Ectomycorrhizae. 1st-12th delivery. Einhorn-Verlag. Schwäbisch Gmünd.

Agerer, R., 1994. *Pseudotomentella tristis* (Thelephoraceae): Eine Analyse von Fruchtkörper und Ektomykorrhizen. *Zeitschrift für Mykologie* 60: 143-158.

Agerer, R., 1996. Ectomycorrhizae of *Tomentella albomarginata* (Thelephoraceae) on Scots pine. *Mycorrhiza* 6: 1-7.

Allmér, J., Vasiliauskas, R., Ihrmark, K., Stenlid, J., Dahlberg, A., 2006. Wood-inhabiting fungal communities in woody debris of Norway spruce (*Picea abies* (L.) Karst.), as reflected by sporocarps, mycelial isolations and T-RFLP identification. *FEMS Microbiol Ecol.* 55: 57-67.

Bader, P., Jansson, S., Jonsson, B.G., 1995. Wood-inhabiting fungi and substratum decline in selectively logged boreal spruce forests. *Biological Conservation* 72: 355-362.

Bai, M.-L., 2005. Tree cavity abundance and nest sites selection of cavity nesting birds in a natural boreal forest of West Khentey, Mongolia. Dissertation. Georg-August-Universität Göttingen, Göttingen.

Berglund, H., Edman, M., Ericson, L., 2005. Temporal variation of wood-fungi diversity in boreal old-growth forests: Implications for monitoring. *Ecological Applications* 15: 970-982.

Bitterlich, W., 1948. Die Winkelzählprobe. *Allgemeine Forest- und Holzwirtschaftliche Zeitung* 59: 4-5.

BNMAU-ijn šinžlech ukhaanij akademi., BNMAU-ijn ulsijn barilgyn khoroonij khar´ja ulsijn geodezi, zurag züin gazar., ZSBNKhU-ijn šinžlech ukhaanij akademi., ZSBNKhU-ijn said narijn zövlölijn dergedekh geodezi, zurag züin udirdakh eronkhij gazar., 1990. *Bügd Nairamdakh Mongol Ard Uls. Ündesnij atlas.* Ulaanbaatar, Moskva.

Boddy, L., 2000. Interspecific combative interactions between wood-decaying basidiomycetes. *FEMS Microbiology Ecology* 31: 185–194.

Bondarcev, A.C., 1953. Trutovye griby evropejskoj časti SSSR i Kavkaza. Izd-vo AN SSSR.

Bondarceva, M.A., Parmasto, E.H., 1986. Opredelitel´ gribov SSSR. Porjadok Afilloforovye. Izd-vo Nauka. Leningrad.

Bortz, J., 1995. Statistik für Sozialwissenschaftler. Springer-Verlag, Berlin.

Breitenbach, J., Kränzlin, F., 1986. Pilze der Schweiz. Nichtblätterpilze. Band 2. Verlag Mykologia. Luzern.

Breitenbach, J., Kränzlin, F., 1991. Pilze der Schweiz. Röhrlinge und Blätterpilze. Band 3. Verlag Mykologia. Luzern.

Bredesen, B., Haugan, R., Aanderaa, R., Lindlad, I., Økland, B., Røsok, Ø., 1997. Vedlevende sopp som indikatorarter på kontinuitet i østnorske granskoger. Summary: Wood-inhabiting fungi as indicators on ecological continuity within spruce forests of southeastern Norway. *Blyttia* 54: 131-140.

Colwell, R.K., 2006. EstimateS. Statistical estimation of species richness and shared species from samples. Version 8. Persistent URL: <purl.ocic.org/estimates>.

Conner, R.N., Miller, Jr.O.K., Akisson, C.S., 1976. Woodpecker dependence on trees infected by fungal heart rots. *Wilson Bulletin* 88: 575-781.

Dai, Y.C., Penttilä, R., 2006. Polypore diversity of Fenglin Nature Reserve, northeastern China. *Ann. Bot. Fennici* 43: 81-96.

Dörfelt, H., Bumžaa, D., 1986. Die Gasteromyceten (Bauchpilze) der Mongolischen Volksrepublik. *Nova Hedwigia* 43: 87–111.

Dörfelt, H., Täglich, U., 1990. Pilzfloristische Arbeitsergebnisse aus der Mongolischen Volksrepublik. *Boletus* 14: 1–27.

Dörfelt, H., Gube, M., 2007. Secotioid Agaricales (Basidiomycetes) from Mongolia. *Feddes Repertorium* 118: 3–4.

Dufrene, M., Legendre, P., 1997. Species assemblages and indicator species: the need for a flexible asymmetrical approach. *Ecological Monographs* 67: 345-366.

Dulamsuren, Ch., Mühlenberg, M., 2003. Additions to the flora of the Khentii, Mongolia. *Willdenowia* 33: 149-158.

Dulamsuren, Ch., 2004. Floristische Diversität, Vegetation und Standortbedingungen in der Gebirgstaiga des Westkhentej, Nordmongolei. *Berichte des Forschungszentrums Waldökosysteme* 191:1-270.

Dulamsuren, Ch., Hauck, M., 2008. Spatial and seasonal variation of climate on steppe slopes of the northern Mongolian mountain taiga. *Grassland Science* 54: 217-230.

Edman, M., Kruys, N., Jonsson, B.G., 2004. Local dispersal sources strongly affect colonization patterns of wood-decaying fungi on spruce logs. *Ecological Applications* 14: 893-901.

Eriksson, J., Ryvarden, L., 1973. The Corticiaceae of Northern Europe. *Aleurodiscus - Confertobasidium*. Vol 2. Fungiflora.

Eriksson, J., Hjortstam, K., Ryvarden, L., 1975. The Corticiaceae of Northern Europe. *Coronicium-Hyphoderma*. Vol 3. Fungiflora.

Eriksson, J., Hjortstam, K., Ryvarden, L.. 1976, The Corticiaceae of Northern Europe. *Hyphodermella-Mycoacia*. Vol 4. Fungiflora.

Eriksson, J., Hjortstam, K., Ryvarden, L., 1978. The Corticiaceae of Northern Europe. *Mycoaciella-Phanerochaete*. Vol 5. Fungiflora.

Eriksson, J., Hjortstam, K., Ryvarden, L., 1981. The Corticiaceae of Northern Europe. *Phlebia-Sarcodontia*. Vol 6. Fungiflora.

Eriksson, J., Hjortstam, K., Ryvarden, L., 1984. The Corticiaceae of Northern Europe. *Schizopora - Suillosporium*. Vol 7. Fungiflora.

Ginns, J. H., 1982. A monograph of the genus *Coniophora* (Aphyllophorales, Basidiomycetes). *Opera Botanica* 61: 1-61

Ginns, J. H., Freeman, G. W., 1994. The Gloeocystidiellaceae (Basidiomycota, Hericiales) of North America. *Bibliotheca Mycologia* 157.

Hansen, L., Knudsen, H., 1997. Nordic Macromycetes. Heterobasidioid, aphyllophoroid and gasteromycetoid Basidiomycetes. Vol 3. Nordsvamp–Copenhagen.

Harrison, K. A., 1973. Comments arising from „Hydnaceous Fungi of the Eastern Old World". *Mycologia* LXV: 277-285.

Hauck, M., Dulamsuren, Ch., Mühlenberg, M., 2007. Lichen diversity on steppe slopes in the northern Mongolian mountain taiga and its dependence on microclimate. *Flora* 202: 530-546

Heilmann-Clausen, J., 2001. A gradient analysis of communities of macrofungi and slime moulds on decaying beech logs. *Mycol. Res.* 105 (5): 575-569.

Heilmann-Clausen, J., Christensen, M., 2003. Fungal diversity on decaying dead beech logs – implications for sustainable forestry. *Biodiversity and Conservation* 12: 953-973.

Heilmann-Clausen, J., Christensen, M., 2004. Does size matter? On the importance of various dead wood fractions for fungal diversity in Danish beech forests. *Forest Ecology and Management* 201: 105-117.

Heilmann-Clausen, J., Aude, E., Christensen, M., 2005. Cryptogam communities on decaying deciduous wood–does tree species diversity matter? *Biodiversity and Conservation* 14: 2061-2078.

Heilmann-Clausen, J., Christensen, M., 2005. Wood-inhabiting macrofungi in Danish beech-forests-conflicting diversity patterns and their implications in a conservation perspective. *Biological Conservation* 122: 633-642.

Hilbig, W., 2006. Der Beitrag deutscher Botaniker an der Erforschung von Flora und Vegetation in der Mongolei. *Feddes Repertorium* 117: 321-366.

Hill, M. O.. 1973, Reciprocal averaging; an eigenvector method of ordination. *Journal of Ecology* 61: 237-249.

Hjortstam, K., Larsson, K-H., Ryvarden, L., Eriksson, J., 1987. The Corticiaceae of Northern Europe. Introduction and Keys. Vol 1. Fungiflora.

Hjortstam, K., Larsson, K-H., Ryvarden, L., Eriksson, J., 1988. The Corticiaceae of Northern Europe. *Phlebiella, Thanatephorus-Ypsilonidium*. Vol 8. Fungiflora.

Itgel, C., Byambažav, B., 1979. Fitopatologijn dadlagyn surakh bičig, Ulaanbaatar.

Jahn, H. 1968: Pilze an Weißtanne (*Abies alba*). *Westfälische Pilzbriefe* VII Band, Heft 2.

Jahn, H., 1971. Stereoide Pilze in Europa (Stereaceae Pil. emend. Parm. u. a., *Hymenochaete*) mit besonderer Berücksichtigung ihres Vorkommens in der Bundesrepublik Deutschland. *Westfälische Pilzbriefe*, VIII . Band, Heft 4-7.

Jahn, H., 2005. Pilze an Bäumen. Patzer Verlag, Berlin-Hannover.

Jankowiak, R., 2008. Fungi associated with *Tomicus minor* on *Pinus sylvestris* in Poland and their succession into the sapwood of beetle-infested windblown trees. *Canadian Journal of Forest Research* 38: 2579-2588.

Johannesson H., Stenlid, J., 1999. Molecular identification of wood-inhabiting fungi in an unmanaged *Picea abies* forest in Sweden. Forest Ecology and Management 115: 203-211.

Jönsson, M.T., Edman, M., Jonsson, B.G., 2008. Colonization and extinction patterns of wood-decaying fungi in a boreal old-growth *Picea abies* forest. *Journal of Ecology* 96: 1065–1075.

Jülich, W., 1984. Kleine Kryptogamenflora. Band II b/1. Die Nichtblätterpilze, Gallertpilze und Bauchpilze, Gustav Fischer Verlag, Stuttgart - New York.

Junninen, K., Similä, M., Kouki, J., Kotiranta, H., 2006. Assemblages of wood-inhabiting fungi along the gradients of succession and naturalness in boreal pine-dominated forests in Fennoscandia. *Ecography* 29: 75-83.

Junninen, K., Kouki, J., Renvall, P., 2008. Restoration of natural legacies of fire in European boreal forests: an experimental approach to the effects on wood-decaying fungi. *Can. J. For. Res.* 38: 202–215.

Kherlenčimeg, N., 2001. Mongol ornij khünsnij möög. Magistrijn ažil. Ulaanbaatar.

Köhler, W., Schachtel, G., Voleske, P., 2002. Biostatistik: eine Einführung für Biologen und Agrarwissenschaftler. Springer.

Koropachinskiy, I.Yu., Vstovskaya, T.N., 2002. Woody plants of the Asian part of Russia. Publishing House of SB RAS, Novosibirsk.

Kotiranta, H., Mukhin, V.A., Ushakova, N., Dai. Y.C., 2005. Polypore (Aphyllophorales, Basidiomycetes) studies in Russia. 1. South Ural. *Ann. Bot. Fennici* 42: 427-451.

Kotiranta, H., Ushakova, N., Mukhin, V.A., 2007. Polypore (Aphyllophorales, Basidiomycetes) studies in Russia. 2. Central Ural. *Ann. Bot. Fennici* 44: 103-127.

Küffer, N., Senn-Irlet, Béatrice., 2005. Influence of forest management on the species richness and composition of wood-inhabiting basidiomycetes in Swiss forests. *Biodiversity and Conservation* 14: 2419-2435.

Langer, E., 1994. Die Gattung *Hyphodontia* John Eriksson. *Bibliotheca Mycologia* 154.

Lindblad, I. 1998: Wood-inhabiting fungi on fallen logs of Norway spruce: relations to forest management and substrate quality. *Nordic Journal of Botany* 18(2): 243-255.

Lindhe, A., Asenblad, N., Toresson, H.G., 2004. Cut logs and high stumps of spruce, birch, aspen and oak–nine years of saproxylic fungi succession. *Biological Conservation* 119: 443-454.

Lindner, D.L., Burdsall, H.H., Stanosz, G.R., 2006. Species diversity of polyporoid and corticioid fungi in northern hardwood forests with differing management histories. *Mycologia* 98: 195-217

MFGS, 2009. Oin tukhai ündesnij khötölbor. www.mongolianforest.com/index.php?option= com content&task=blogcategory&id=41&Itemid=74. (Letzter Aufruf: 15.03.2009).

Ministerium für Natur und Umwelt, 2009. Mongol ornij usnij nööz. www.mne.mn/index. php?option=com_content&task=blogcategory&id=47&Itemid=125. (04.05.2007).

Ministerium für Natur und Umwelt, 2009. Mongol ornij oin nööz. http://www.mne.mn/index. php?option=com_content&task=blogcategory&id=48&Itemid=126. (05.05.2007).

Moser, M., 1978. Kleine Kryptogamenflora. Band II b/2. Die Röhrlinge und Blätterpilze. Gustav Fischer Verlag, Stuttgart-New York.

Mühlenberg, M., Samjaa, R., 2002. High biodiversity in boreal forest, a paradox to extreme conditions? A cooperative research at the University Station of Khonin Nuga. *Proceedings of International Conference on Biodiversity of Mongolia*: 53-56.

Müller, J., Engel, H., Blaschke, M., 2007. Assemblages of wood-inhabiting fungi related to silvicultural management intensity in beech forests in southern Germany. *Eur J Forest Res* 126: 513-527.

Niemelä, T., 2005. Käävät, puiden sienet (Polypores, lignicolous fungi). *Norrlinia* 13: 1-320. (In Finnish with English summary).

Nordstedt, G., Bader, P., Ericson, L., 2001. Polypores as indicators of conservation value in Corcisan pine forests. *Biological Conservation* 99: 347-354.

Ódor, P., Heilmann-Clausen, J., Christensen, M., Aude, E., van Dort K.W., Piltaver, A., Siller, I., Veerkamp, M.T., Walleyn, R., Standovár, T., van Hees, A.F.M., Kosec, J., Matočec, N., Kraigher, H., Grebenc, T., 2006. Diversity of dead wood inhabiting fungi and bryophytes in semi-natural beech forests in Europe. *Biological Conservation* 131: 58-71.

Odum, H.T., 1985. Trends expected in stressed ecosystems. *Bioscience* 35: 419-422.

Otgonbat, Kh., 1979. Khünsnij möög. Ulsijn khėvlėlijn gazar. Ulaanbaatar.

Penttilä, R., Kotiranta, H., 1996. Short-term effects of prescribed burning on wood-rotting fungi. *Silva Fennica* 30: 399-419.

Penttilä, R., 2004. The impacts of forestry on polyporous fungi in boreal forests. Academic dissertation. University of Helsinki.

Penttilä, R., Siitonen, J., Kuusinen, M., 2004. Polypore diversity in managed and old-growth boreal *Picea abies* forests in southern Finland. *Biological Conservation* 117: 271-283.

Rayner, A.D.M., Boddy, L., 1988. Fungal Decomposition of Wood; its Biology and Ecology. John Wiley and Sons, Chichester.

Renvall, P., 1995. Community structure and dynamics of wood-rotting Basidiomycetes on decomposing conifer trunks in northern Finland. *Karstenia* 35: 1–51.

Rolstad, J., Sætersdal, M., Gjerde, I., Storaunet, K.O., 2004. Wood-decaying fungi in boreal forests: are species richness and abundances influenced by small-scale spatiotemporal distribution of dead wood? *Biological Conservation* 117: 539-555.

Ryvarden, L., 1976. The Polyporaceae of North Europe. *Albatrellus–Incrustoporia*. Vol 1. Fungiflora.

Ryvarden, L., 1978. The Polyporaceae of North Europe. *Inonotus–Tyromyces*. Vol 2. Fungiflora.

Schmidt, O., 1994. Holz- und Baumpilze: Biologie, Schäden, Schutz, Nutzen. Springer Verlag. Berlin-Heidelberg-New York.

Sippola, A., Similä, M., Mönkkönen, M., Jokimäki, J., 2004. Diversity of polyporous fungi (Polyporaceae) in northern boreal forests: Effects of forest site type and logging intensity. *Scand. J. For. Res.* 19: 152-163.

Spooner, B., Roberts, P., 2005. Fungi. HarperCollins, London.

StatSoft, Inc., 1997. Statistika Benutzerhandbuch. Statistika für das Betriebssystem Windows. Tulsa.

Tsegmid, C., 1989. Some results of studies on microclimate and soil humidity of microassociations in mossy *Larix* forest of the eastern Khentey. *Tezisi doklad nauchnoi konferentsii, posveshennie voprosam vozobnovleniya resursi lesa. MNR.* pp. 170-176.

Urančimeg, G., 1983. Orkhon Sėlėngijn sav nutgijn Polyporaceae ovgijn möögijn angilalzüjn sudalgaanij düngėės. *Botanikijn khürėėlėngijn ėrdėm šinžilgėėnij bütėėl* 9.

Urančimeg, G., 2004. Mongol ornij khünsnij möög. Bamby san. Ulaanbaatar.

Abbildungsverzeichnis

Abb. 2.1. Topographische Karte der Mongolei. Latebird, 2006. Map of Mongolia topographic. Wikimedia Commons, Creative Commons Template: Cc-by-sa-2.5,2.0,1.0. (23.03.2009)..................9

Abb. 2.2. Botanisch-Geographische Zone der Mongolei. Nationalatlas der Mongolei, 1990. (Bügd Nairamdakh Mongol Ard Uls. Ündesnij atlas. Ulaanbaatar, Moskva)..................10

Abb. 2.3. Lage des Untersuchungsgebietes. Google Earth, 2009. 2009 ZENRIN. 2009 Google. 2009 NFGIS. 2009 Europa Technologies. http://earth.google.de. (22.05.2009)..................12

Abb. 2.4. Helle Taiga der unteren Bergstufe vor der Forschungsstation Khonin Nuga..................13

Abb. 2.5. Helle Taiga der unteren Bergstufe mit Baumarten *Larix sibirica* und *Betula platyphylla*..................15

Abb. 2.6. Dunkler *Picea obovata*- Bergtaigawald bei „Heiße Quelle Eroo"..................15

Abb. 2.7. Dunkle Taiga der oberen Bergstufe in Sangastai und *Pinus sibirica-Abies sibirica*-Gesellschaft..................16

Abb. 2.8. *Fomes fomentarius* an einer toten Birke in F1996 und der in 2007 angebrannte Wald.....19

Abb. 3.1. Plotauswahl am Beispiel des Standorttyps in Sangastai (DTO)..................21

Abb. 3.2. Zersetzungszustand einer im Jahr 2004 gefällten Birke drei Jahren nach der Fällung......25

Abb. 4.1. Abundanz der nachgewiesenen Pilzarten auf den Untersuchungsflächen..................29

Abb. 4.2. Verteilung der Pilzarten in den verschiedenen Standorttypen..................30

Abb. 4.3. Artenakkumalationskurven der beobachteten Arten in HTU, DTU und DTO..................30

Abb. 4.4. Mittelwert der beobachteten Artenzahl pro Transekt in DTU, HTU und DTO..................31

Abb. 4.5. Dendrogramm der Transekte einzelner Standorttypen bezüglich der Artenähnlichkeit....32

Abb. 4.6. Mittlere Artenzahl und mittlere Pilzabundanz der Transekt in DTU, HTU und DTO bei liegenden Beständen..................35

Abb. 4.7. Multidimensionale Skalierung der Pilzartenzusammensetzung in HTU, DTU und DTO..................36

Abb. 4.8. CCA Ordination der Plots hinsichtlich der Umweltvariablen..................37

Abb. 4.9. CCA Ordination der Pilzarten hinsichtlich der Umweltvariablen..................38

Abb. 4.10. Anzahl der Pilzarten pro Substrat bei liegendem Bestand..................42

Abb. 4.11. Birke mit *Fomes fomentarius* und *Pleurotus cornucopiae*..................43

Abb.4.12. *Phaeolus schweinitzii*, ein parasitischer Pilz an einer lebenden *Pinus sibirica*..................45

Abb. 4.13. Verteilung der häufig gefundenen Pilzarten auf liegenden Stämmen und Stümpfen mit verschiedenem Zersetzungsgrad..................47

Abb. 4.14. *Phellinus chrysoloma* an der Astansatzstelle..................49

Abb. 4.15. *Stereum sanguinolentum* auf einem liegenden Tannenstamm..................50

Abb. 4.16. Durchmesserverteilung der stehenden Birken und Lärchen in den durch Waldbrände beeinflussten Wäldern..................52

Abb. 4.17. Verteilung der Feuerintensität und Feuerhöhe bei den stehenden Bäumen in den durch Waldbrände beeinflussten Wäldern..................53

Abb. 4.18. Verteilung der Feuerintensität bei liegenden Birken und Lärchen in den angebrannten Wäldern..................54

Abb. 4.19. Baumtyp der Birken und der Lärchen beim stehenden Bestand in den angebrannten Wäldern und im Kontrollwald..................55

Abb. 4.20. Mittlere Artenzahl und mittlere Pilzabundanz der Transekte in F1996, F2002, F2007 und im Kontrollwald bei stehenden Beständen..................60

Abb. 4.21. Dendrogramm der Transekte in den durch Waldbrände beeinflussten Wäldern und im Kontrollwald bezüglich der Artenähnlichkeit..................61

Abb. 4.22. Multidimensionale Skalierung von Pilzartenzusammensetzung an Birken und Lärchen in den durch Waldbrände beeinflussten Wäldern..................61

Abb. 4.23. Verteilung stehender Birken mit einer bzw. mehreren Pilzarten in den angebrannten Wäldern und im Kontrollwald..................64

Abb. 4. 24. Verteilung liegender Birken mit einer bzw. mehreren Pilzarten in den angebrannten Wäldern und im Kontrollwald..................65

Abb. 4.25. Verteilung liegender Lärchen mit einer bzw. mehreren Pilzarten in den angebrannten Wäldern und im Kontrollwald..................67

Abb. 4.26. *Phanerchaete magnoliae* und *Trichaptum biforme* nach dem Feuer..................69

Abb. 4.27. *Trametes hirsuta* und *Fomes fomentarius*..................71

Abb. 4.28. Mittlere Artenzahl pro Birke ein, zwei und drei Jahre nach der Fällung sowie mittlere Artenzahl pro Vergleichsbirke in der Nachbarschaft..................72

Abb. 4.29. *Schizophyllum commune, Plicaturopsis crispa, Trichaptum biforme* und *Stereum hirsutum* an der Schnittfläche einer vor drei Jahren gefällten Birke..................73

Abb. 4.30. Vorkommen der Pilzarten an 15 gefällten Birken im dritten Jahr nach der Fällung..................75

Abb. 4.31. *Nectria cinnabarina* und *Lenzites betulina*..................76

Abb. 4.32. Vergesellschaftung der Pilzarten an fünfzehn Birken drei Jahre nach der Fällung..................77

Abb. 4.33. *Plicaturopsis crispa*, ein Erstbewohner an Birken und Vergesellschaftung von *Schizophyllum commune* und *Irpex lacteus*..................77

Abb. 5.1. *Phellopilus nigrolimitatus* und *Laricifomes officinalis* an Nadelbäumen..................80

Abb. 5.2. Die Birke, eine Schlüsselart im Untersuchungsgebiet. Nach dem Feuer gebildete Fruchtkörper von *Pleurotus ostreatus* an einer stehenden Birke..................83

Abb. 5.3. *Pycnoporellus fulgens*, eine Indikatorart für unberührte Lebensräume..................92

Abb. 5.4. *Hericium coralloides*, der Naturnäherzeiger..................93

Tabellenverzeichnis

Tab. 2.1. Variable, die an lebenden Bäumen und stehendem Totholz in den untersuchten Standorttypen aufgenommen wurden..................14

Tab 2.2. Variable, die an liegenden Stämmen und Stümpfen in den untersuchten Standorttypen aufgenommen wurden..................17

Tab. 3.1. Die an jedem Plot aufgenommenen Variablen..................21

Tab. 3.2. Klassifizierung des Zersetzungsgrades bei der Aufnahme der liegenden Stämme und Stümpfe..................23

Tab. 3.3. Klassifizierung der Feuerintensität bei der Aufnahme angebrannter Bäume und Totholzobjekte..................24

Tab. 4.1. Indikatorarten für die Standorttypen HTU, DTU und DTO..................33

Tab. 4.2. Anzahl der aufgenommenen Bäume und Totholzobjekte in DTU, HTU und DTO und Anteil der Pilzbesiedlung..................34

Tab. 4.3. Pilzarten, die in HTU, DTU und DTO sowohl stehende als auch liegende Bäume und Totholzobjekte besiedeln..................34

Tab. 4.4. Anzahl der aufgenommenen Baumarten in den Taiga-Standorttypen und Anteil der Pilzbesiedlung..................39

Tab. 4.5. Gesamte Artenzahl und Abundanz der Pilze sowie Artenzahl pro Substrat bei den aufgenommenen Baumarten..................39

Tab. 4.6. Pilzarten, die an mehr als zwei Baumarten fruktifizieren..................40

Tab. 4.7. Verteilung einiger Pilzarten in den Standorttypen mit verschiedener Höhenlage..................41

Tab. 4.8. Vergleich der Totholzeigenschaften mit und ohne Pilz bei verschiedenen Baumarten..................43

Tab. 4.9. Anteil der Pilzbesiedlung bei den Baumarten in den Standorttypen mit verschiedener Höhenlage..................46

Tab. 4.10. Auf den Untersuchungsflächen häufig gefundene Pilzarten..48

Tab. 4.11. Anteil der lebenden und abgestorbenen Bäume in den einzelnen Waldbeständen............56

Tab. 4.12. Anzahl der aufgenommenen Bäume und Totholzobjekte in den durch Waldbrände beeinflussten Wäldern und im Kontrollwald sowie Anteil der Pilzbesiedlung...................................56

Tab. 4.13. Verteilung des Vorkommens einiger Pilzarten an stehenden Birken in den angebrannten Wäldern und im Kontrollwald...57

Tab. 4.14. Anzahl der stehenden Birken und Lärchen und Anteil der Pilzbesiedlung in den durch Waldbrände beeinflussten Wäldern und im Kontrollwald..58

Tab. 4.15. Anzahl der liegenden Stämme und Stümpfe und Anteil der Pilzbesiedlung in den durch Waldbrände beeinflussten Wäldern und im Kontrollwald..58

Tab. 4.16. Indikatorarten für die durch Waldbrände beeinflussten Wälder...62

Tab. 4.17. Vergleich stehender Birken und Lärchen mit und ohne Pilzbesiedlung hinsichtlich ihrer Eigenschaften...63

Tab. 4.18. In den durch Waldbrände beeinflussten Wäldern häufig gefundene Pilzarten..................67

Tab. 4.19. Sukzessive Pilzzusammensetzung an den 15 Birken in erster Phase der Zersetzung und Pilzzusammensetzung an den Vergleichsbirken..74

Tab. 4.20. Stelle der Fruchtkörperbildung der Pilzarten in der Initialphase der Zersetzung..............76

Tab. 4.21. Pilzarten an Birken in der Initialphase der Zersetzung, die häufig mit anderen Pilzarten Vergesellschaftung bilden..78

Tab. 5.1. Vergleich der nachgewiesenen Artenzahl holzbewohnender Pilze des Untersuchungsgebietes mit den Ergebnissen einiger Untersuchungen in anderen Ländern.............82

Tab.5.2. Artenzahl holzbewohnender Pilze an verschiedenen Baumarten im Westkhentey, Mongolei, in Nordost China und in der Schweiz..85

Anhang

Anhang 1. Bestimmte holzbewohnende Pilze in Khonin Nuga, Westkhentey, Mongolei.
(Nach Klassen, Ordnungen und Familien, nach htpp://www.indexfungorum.org).

<u>Agaricomycetes</u>
    Agaricales
        Cyphellaceae Lotsy
            Chondrostereum purpureum (Pers.) Pouzar
        Mycenaceae Roze
            Panellus stipticus (Bull.) P. Karst.
        Pleurotaceae Kühner
            Pleurotus cornucopiae (Paulet) Rolland
            Pleurotus ostreatus (Jacq.) P. Kumm.
            Pleurotus pulmonarius (Fr.) Quél.
        Schizophyllaceae Quél.
            Schizophyllum commune Fr.
        Strophariaceae Singer & A.H. Sm.
            Hypholoma capnoides (Fr.) P. Kumm.
            Hypholoma fasciculare (Huds.) P. Kumm.
        Incertae sedis
            Plicaturopsis crispa (Pers.) D.A. Reid
    Auriculariales
        Auriculariaceae Fr.
            Auricularia auricula-judae (Bull.) Quél.
            Exidia glandulosa (Bull.) Fr.
            Exidia pithya Fr.
            *Exidia saccharina*Fr.
        Incertae sedis
            Pseudohydnum gelatinosum (Scop.) P. Karst.
    Boletales
        Amylocorticiaceae
            Amylocorticiellum cremeoisabellinum (Litsch.) Spirin & Zmitr.
        Coniophoraceae Ulbr.
            Coniophora arida (Fr.) P. Karst.
            Coniophora olivacea (Fr.) P. Karst.
            Coniophora puteana (Schumach.) P. Karst.
        Serpulaceae Jarosch & Bresinsky
            Serpula himantioides (Fr.) P. Karst.
    Gloeophyllales
        Gloeophyllaceae Jülich
            Gloeophyllum abietinum (Bull.) P. Karst.
            Gloeophyllum protractum (Fr.) Imazeki
            Gloeophyllum sepiarium (Wulfen) P. Karst.
            Gloeophyllum trabeum (Pers.) Murrill
    Hymenochaetales
        Hymenochaetaceae Imazeki & Toki
            Hymenochaete cruenta (Pers.) Donk
            Inonotus obliquus (Ach. ex Pers.) Pilát

Inonotus rheades (Pers.) Bondartsev & Singer
Onnia cf. *circinata* (Fr.) P. Karst.
Onnia tomentosa (Fr.) P. Karst.
Phellinus chrysoloma (Fr.) Donk
Phellinus ferruginosus (Schrad.) Pat.
Phellinus igniarius (L.) Quél.
Phellopilus nigrolimitatus (Romell) Niemelä, T. Wagner & M. Fisch.
Phellinus robustus (P. Karst) Bourdot & Galzin
Phellinus weirii (Murrill) Gilb.
Porodaedalea pini (Brot.) Murrill
Schizoporaceae Jülich
Hyphodontia alutaria (Burt.) J. Erikss.
Hyphodontia breviseta (P. Karst.) J. Erikss.
Hyphodontia curvispora J. Erikss. & Hjortstam
Hyphodontia pallidula (Bres.) J. Erikss.
Hyphodontia spathulata (Schrad.) Parmasto
Schizopora carneolutea (Rodway & Cleland) Kotl. & Pouzar

Polyporales
Fomitopsidaceae Jülich
Antrodia heteromorpha (Fr.) Donk
Antrodia serialis (Fr.) Donk
Antrodia sinuosa (Fr.) P. Karst.
Antrodia xantha (Fr.) Ryvarden
Fomitopsis cajanderi (P. Karst.) Kotl. & Pouzar
Fomitopsis pinicola (Sw.) P. Karst.
Fomitopsis rosea (Alb. & Schwein.) P. Karst.
Ischnoderma benzoinum (Wahlenb.) P. Karst.
Laetiporus sulphureus (Bull.) Murrill
Laricifomes officinalis (Vill.) Kotl. & Pouzar
Phaeolus schweinitzii (Fr.) Pat.
Piptoporus betulinus (Bull.) P. Karst.
Postia caesia (Schrad.) P. Karts.
Pycnoporellus fulgens (Fr.) Donk
Ganodermataceae Donk
Ganoderma applanatum (Pers.) Pat.
Meruliaceae P. Karst.
Bjerkandera adusta (Willd.) P. Karst.
Gloeoporus dichrous (Fr.) Bres.
Gloeoporus taxicola (Pers.) Gilv. & Ryvarden
Hyphoderma setigerum (Fr.) Donk
Irpex lacteus (Fr.) Fr.
Merulius tremellosus Schrad.
Steccherinum ochraceum (Pers.) Gray
Phanerochaetaceae Jülich
Phanerchaete magnoliae (Berk. & M.A. Curtis) Burds.
Phlebiopsis gigantea (Fr.) Jülich
Polyporaceae Fr. ex Corda
Cerrena unicolor (Bull.) Murrill
Cinereomyces lenis (P. Karst.) Spirin
Daedaleopsis confragosa (Bolton) J. Schröt.

Daedaleopsis tricolor (Bull.) Bond. & Sing.
Dichomitus squalens (P. Karst.) D.A. Reid. 1965
Diplomitoporus cf. *flavescens* (Bres.) Domański
Fomes fomentarius (L.) J.J. Kickx
Funalia trogii (Berk.) Bondartsev & Singer
Hapalopilus nidulans (Fr.) P. Karst.
Lentinus strigosus (Schwein.) Fr.
Lenzites betulina (L.) Fr.
Neolentinus lepideus (Fr.) Redhead & Ginns
Perenniporia subacida (Peck) Donk
Polyporus brumalis (Pers.) Fr.
Polyporus squamosus (Huds.) Fr.
Pycnoporus cinnabarinus (Jacq.) Fr.
Royoporus badius (Pers.) A.B. De
Spongipellis spumeus Murashk.
Trametes hirsuta (Wulfen) Pilát
Trametes ochracea (Pers.) Gilb. & Ryvarden
Trametes pubescens (Schumach.) Pilát
Trametes versicolor (L.) Lloyd
Trichaptum abietinum (Dicks.) Ryvarden
Trichaptum biforme (Fr.) Ryvarden
Trichaptum fuscoviolaceum (Ehrenb.) Ryvarden
Trichaptum laricinum (P. Karst.) Ryvarden

Russulales
    Auriscalpiaceae Maas Geest.
        Lentinellus cf. *vulpinus* (Sowerby) Kühner & Maire
    Echinodontiaceae Donk
        Laurilia sulcata (Burt) Pouzar
    Hericiaceae Donk
        Hericium coralloides (Scop.) Pers.
        Laxitextum bicolor (Pers.) Lentz
    Peniophoraceae Lotsy
        Peniophora cf. *septentrionalis* Laurila
        Vesiculomyces citrinus (Pers.) E. Hagstr.
    Stereaceae Pilát
        Aleurodiscus amorphus Rabenh.
        Stereum hirsutum (Willd.) Pers.
        Stereum sanguinolentum (Alb. & Schwein.) Fr.
        Stereum subtomentosum Pouzar

Sebacinales
    Sebacinaceae K. Wells&Oberw.
        Craterocolla cerasi (Schumach.) Bref.

Thelephorales
    Thelephoraceae Chevall.
        Thelephora terrestris Ehrh.
        Tomentella terrestris (Berk. & Broome) M.J. Larsen

Trechisporales
    Hydnodontaceae Jülich
        Trechispora mollusca (Pers.) Liberta

Incertae sedis

Incertae sedis
   Peniophorella pubera (Fr.) P. Karst.
Dacrymycetes
   Dacrymycetales
      Dacrymycetaceae J. Schröt.
         Dacrymyces chrysospermus Berk. & M.A. Curtis
Tremellomycetes
   Tremellales
      Tremellaceae Fr.
         Tremella foliacea Pers.
Sordariomycetes
   Hypocreales
      Nectriaceae Tul. & C. Tul.
         Nectria cinnabarina (Tode) Fr.
   Xylariales
      Xylariaceae Tul. & C. Tul.
         Daldinia concentrica (Bolton) Ces. & De Not.
         Daldinia lloydii Y.M. Ju, J.D. Rogers & F. San Martín

Anhang 2. Kürzel der in den Standorttypen HTU, DTU und DTO nachgewiesenen Pilznamen

Kürzel	Pilzname	Kürzel	Pilzname
Aleuamor	Aleurodiscus amorphus	Larioffi	Laricifomes officinalis
Amylcrem	Amylocorticiellum cremeoisabellinum	Laursulc	Laurilia sulcata
Antrseri	Antrodia serialis	Laxibico	Laxitextum bicolor
Antrsinu	Antrodia sinuosa	Lentstri	Lentinus strigosus
Antr sp.	Antrodia sp. A	Lentvulp	Lentinelluscf. vulpinus
Antrxant	Antrodia xantha	Lenzbetu	Lenzites betulina
Aste sp.	Asterostroma sp. A	Lept sp.	Leptoporus sp. A
Auriauri	Auricularia auricula-judae	Leuc sp.	Leucogyrophana sp. A
Bjeradus	Bjerkandera adusta	Neollepi	Neolentinus lepideus
Cerrunic	Cerrena unicolor	Panestip	Panellus stipticus
Chonpurp	Chondrostereum purpureum	Penipube	Peniophorella pubera
Cineleni	Cinereomyces lenis	Penisept	Peniophora cf. septentrionalis
Coniarid	Coniophora arida	Peresuba	Perenniporia subacida
Conioliv	Coniophora olivacea	Phaeschw	Phaeolus schweinitzii
Conipute	Coniophora puteana	Phelchry	Phellinus chrysoloma
Cratcera	Craterocolla cerasi	Phelferr	Phellinus ferruginosus
Dacrchry	Dacrymyces chrysospermus	Pheligni	Phellinus igniarius
Daedconf	Daedaleopsis confragosa	Phelnigr	Phellopilus nigrolimitatus
Daedtric	Daedaleopsis tricolor	Phelweir	Phellinus weirii
Daldconc	Daldinia concentrica	Phlegiga	Phlebiopsis gigantea
Daldlloy	Daldinia lloydii	Piptbetu	Piptoporus betulinus
Dichsqua	Dichomitus squalens	Pleu sp.	Pleurotus sp. A
Diplflav	Diplomitoporus flavescens	Pleucorn	Pleurotus cornucopiae
Exidglan	Exidia glandulosa	Pleuostr	Pleurotus ostreatus
Exidsacc	Exidia saccharina	Pleupulm	Pleurotus pulmonarius
Fomefome	Fomes fomentarius	Pliccris	Plicaturopsis crispa
Fomicaja	Fomitopsis cajanderi	Polybrum	Polyporus brumalis
Fomipini	Fomitopsis pinicola	Poropini	Porodaedalea pini
Fomirose	Fomitopsis rosea	Pseugela	Pseudohydnum gelatinosum
Funatrog	Funalia trogii	Pycncinn	Pycnoporus cinnabarinus
Ganoappl	Ganoderma applanatum	Pycnfulg	Pycnoporellus fulgens
Gloeabie	Gloeophyllum abietinum	Schicarn	Schizopora carneolutea
Gloedich	Gloeoporus dichrous	Schicomm	Schizophyllum commune
Gloeprot	Gloeophyllum protractum	Serphima	Serpula himantioides
Gloesepi	Gloeophyllum sepiarium	Sponspum	Spongipellis spumeus
Gloetaxi	Gloeoporus taxicola	Stecochr	Steccherinum ochraceum
Gloetrab	Gloeophyllum trabeum	Sterhirs	Stereum hirsutum
Gyro sp.	Gyromitra sp. A	Stersang	Stereum sanguinolentum
Hericora	Hericium coralloides	Stersubt	Stereum subtomentosum
Hymecrue	Hymenochaete cruenta	Tramhirs	Trametes hirsuta
Hyphalut	Hyphodontia alutaria	Trampube	Trametes pubescens
Hyphbrev	Hyphodontia breviseta	Tramvers	Trametes versicolor
Hyphcurv	Hyphodontia curvispora	Trecmoll	Trechispora mollusca
Hyphpall	Hyphodontia pallidula	Tremfoli	Tremella foliacea
Hyphseti	Hyphoderma setigerum	Trem sp.	Tremella sp. A
Hyphspat	Hyphodontia spathulata	Tricabie	Trichaptum abietinum
Inonobli	Inonotus obliquus	Tricbifo	Trichaptum biforme
Irpelact	Irpex lacteus	Tricfusc	Trichaptum fuscoviolaceum
Ischbenz	Ischnoderma benzoinum	Triclari	Trichaptum laricinum
Laetsulp	Laetiporus sulphureus	Tyro sp.	Tyromyces sp. A

Anhang 3. An den Birken (*Betula platyphylla*) vorkommende Pilzarten in den Standorttypen HTU, DTU und DTO (Siehe auch Anhang 10).

Pilzarten	HTU	DTU	DTO	Gesamt
Auricularia auricula-judae	2	0	0	2
Bjerkandera adusta	4	0	0	4
Cerrena unicolor*	7	1	0	8
Chondrostereum purpureum	2	0	0	2
Daedaleopsis confragosa	2	0	0	2
Daedaleopsis tricolor	8	1	0	9
Daldinia concentrica*	9	0	0	9
Daldinia lloydii	1	0	0	1
Diplomitoporus flavescens	1	0	0	1
Exidia glandulosa	1	1	0	2
Fomes fomentarius*	52	19	0	71
Fomitopsis pinicola	6	2	0	8
Ganoderma applanatum	1	0	0	1
Gloeoporus dichrous	5	0	1	6
Inonotus obliquus*	3	1	0	4
Irpex lacteus*	7	2	0	9
Lentinellus cf. vulpinus	1	0	0	1
Lentinus strigosus	8	0	0	8
Lenzites betulina	3	0	0	3
Panellus stipticus	0	1	0	1
Phellinus igniarus*	4	2	1	7
Piptoporus betulinus*	1	2	0	3
Pleurotus cornucopiae*	9	0	0	9
Pleurotus ostreatus	2	0	0	2
Pleurotus pulmonarius	1	0	0	1
Plicaturopsis crispa	4	0	0	4
Polyporus brumalis	2	0	0	2
Schizophyllum commune	7	1	0	8
Schizopora carneolutea	1	0	0	1
Spongipellis spumeus	1	0	0	1
Steccherinum ochraceum	1	0	0	1
Stereum hirsutum	3	2	0	5
Stereum subtomentosum*	2	0	0	2
Trametes hirsuta	4	1	0	5
Trametes pubescens	2	0	0	2
Trametes versicolor	1	1	0	2
Tremella sp. A	1	0	0	1
Trichaptum biforme*	16	1	0	17
Nicht bestimmt (2 Arten)	1	1	0	2
Zahl der Pilzarten	39	15	2	40
Zahl der nur an Birken gefundenen Pilzarten	27	12	1	29
Zahl der untersuchten Birken	719	161	5	885
Zahl der von Pilzen besiedelten Birken	77	22	1	100

Bold – Ausschließlich an Birken gefundene Arten im Untersuchungsgebiet.

* - sowohl auf stehenden als auch auf liegenden Birken vorkommende Arten.

Anhang 4. An den Pappeln (*Populus tremula*) vorkommende Pilzarten in den Standorttypen HTU, DTU und DTO (Siehe auch Anhang 3).

Pilzarten	HTU	DTU	DTO	Gesamt
Antrodia seriales	1	0	0	1
Bjerkandera adusta	2	0	0	2
Daldinia concentrica*	1	0	0	1
Fomitopsis pinicola	4	0	0	4
Funalia trogii	1	0	0	1
Ganoderma applanatum	3	0	0	3
Gloeophyllum sepiarium	8	0	0	8
Gloeophyllum trabeum	1	0	0	1
Gloeoporus dichrous	2	0	0	2
***Gyromitra sp.* A**	1	0	0	1
Hericium coralloides	1	0	0	1
Laxitextum bicolor	2	0	0	2
Lentinellus cf. *vulpinus*	4	0	0	4
Lentinus strigosus	2	0	0	2
Schizophyllum commune	12	0	0	12
Trametes pubescens	2	0	0	2
Trametes versicolor	7	0	0	7
Nicht bestimmt (1 Art)	1	0	0	1
Zahl der Pilzarten	18	0	0	18
Zahl der nur an Pappeln gefundenen Pilzarten	3	0	0	3
Zahl der untersuchten Pappeln	126	0	0	126
Zahl der von Pilzen besiedelten Pappeln	27	0	0	27

Bold – Ausschließlich an Pappeln gefundene Arten im Untersuchungsgebiet.

* - Sowohl auf stehenden als auch auf liegenden Pappeln vorkommende Arten.

Anhang 5. An den Lärchen (*Larix sibirica*) vorkommende Pilzarten in den Standorttypen HTU, DTU und DTO.

Pilzarten	HTU	DTU	DTO	Gesamt
Antrodia sp. A	2	0	0	2
Dacrymyces chrysospermus	2	0	0	2
Fomitopsis cajanderi	2	0	0	2
*Fomitopsis pinicola**	8	4	0	12
Fomitopsis rosea	2	1	1	4
Gloeophyllum protractum	1	0	0	1
Gloeophyllum sepiarium	2	0	0	2
Gloeophyllum trabeum	2	0	0	2
Gloeoporus dichrous	0	1	0	1
Hyphoderma sp. A	0	1	0	1
Hyphodontia curvisporia	0	1	0	1
Hyphodontia pallidula	0	1	0	1
Ischnoderma benzoinum	2	0	0	2
*Laetiporus sulphureus**	4	2	0	6
Laricifomes officinalis	1	0	1	2
Laurilia sulcata	3	5	0	8
Neolentinus lepideus	63	0	0	63
Osteina sp. A	1	0	0	1
*Phaeolus schweinizii**	1	0	0	1
*Phellinus chrysoloma**	3	8	0	11
Phellinus weirii	5	2	0	7
*Porodaedalea pini**	4	1	0	5
Stereum sanguinolentum	1	1	0	2
Trichaptum fuscoviolaceum	6	5	0	11
*Trichaptum laricinum**	3	4	1	8
Nicht bestimmt (3 Arten)	1	1	1	3
Nicht bestimmt (3 Arten)	0	3	0	3
Zahl der Pilzarten	22	17	4	31
Zahl der nur an Lärchen gefundenen Pilzarten	4	6	0	10
Zahl der untersuchten Lärchen	209	509	23	741
Zahl der von Pilzen besiedelten Lärchen	29	98	3	130

Bold – Ausschließlich an Lärchen gefundene Arten im Untersuchungsgebiet.

* - sowohl auf stehenden als auch auf liegenden Lärchen vorkommende Arten.

Anhang 6. An den Zirbelkiefern (*Pinus sibirica*) vorkommende Pilzarten in den Standorttypen HTU, DTU und DTO.

Pilzarten	HTU	DTU	DTO	Gesamt
Antrodia seriales	0	2	1	3
Antrodia sinuosa	0	0	1	1
Antrodia sp. A	0	0	1	1
Antrodia xantha	0	0	3	3
Coniophora arida	0	0	1	1
Coniophora olivacea	0	0	1	1
Coniophora puteana	0	1	0	1
Dacrymyces chrysospermus	0	0	3	3
Exidia saccharina	0	0	1	1
Fomitopsis pinicola*	0	4	23	27
Fomitopsis rosea	0	0	2	2
Gloeophyllum sepiarium	0	0	1	1
Gloeophyllum trabeum	0	0	1	1
Gloeoporus taxicola	0	0	1	1
Hyphodontia breviseta	0	0	2	2
Ischnoderma benzoinum	0	0	1	1
Laetiporus sulphureus	0	2	1	3
Laricifomes officinalis	0	0	1	1
Laurilia sulcata	0	4	3	7
***Leucogyrophana sp.* A**	0	0	1	1
Perenniporia subacida	0	1	1	2
Phaeolus schweinizii*	0	0	4	4
Phellinus chrysoloma*	0	2	0	2
Phellinus weirii	0	2	0	2
Phellopilus nigrolimitatus	0	0	2	2
Phlebiopsis gigantea	0	1	0	1
Porodaedalea pini	0	0	1	1
Pseudohydnum gelatinosum	0	0	1	1
Pycnoporellus fulgens	0	0	1	1
Serpula himantioides	0	0	1	1
Stereum sanguinolentum	0	4	3	7
Trichaptum abietinum	0	4	12	16
Trichaptum fuscoviolaceum	0	1	4	5
Trichaptum laricinum*	0	2	7	9
Nicht bestimmt (4 Arten)	0	3	2	5
Nicht bestimmt (3 Arten)	0	1	3	4
Zahl der Pilzarten	0	16	34	41
Zahl der nur an Zirbelkiefern gefundenen Pilzarten	0	2	9	11
Zahl der untersuchten Zirbelkiefer	0	231	1362	1593
Zahl der von Pilzen besiedelten Zirbelkiefer	0	24	65	89

Bold – Ausschließlich an Zirbelkiefern gefundene Arten im Untersuchungsgebiet.

* - Sowohl auf stehenden als auch auf liegenden Zirbelkiefern vorkommende Arten.

Anhang 7. An den Tannen (*Abies sibirica*) vorkommende Pilzarten in den Standorttypen HTU, DTU und DTO.

Pilzarten	HTU	DTU	DTO	Gesamt
Aleurodiscus amorphus	0	3	2	5
***Asterostroma sp.* A**	0	0	1	1
Craterocolla cerasi	0	2	0	2
Dacrymyces chrysospermus	0	1	5	6
Dichomitus squalens	0	0	1	1
Fomitopsis pinicola*	0	1	4	5
Fomitopsis rosea	0	0	1	1
Gloeophyllum sepiarium	0	0	2	2
Hymenochaete cruenta	0	4	5	9
Hyphoderma setigerum	0	1	1	2
Hyphodontia alutaria	0	0	1	1
Perenniporia subacida	0	0	1	1
Phellinus ferruginosus	0	1	0	1
Pseudohydnum gelatinosum	0	0	1	1
Pycnoporus cinnabarinus	0	0	1	1
Schizophyllum commune	0	0	2	2
Stereum sanguinolentum*	0	3	9	12
Trametes hirsuta	0	0	1	1
Trichaptum abietinum*	0	4	18	22
Trichaptum fuscoviolaceum*	0	7	12	19
Trichaptum laricinum	0	0	3	3
Nicht bestimmt (3 Arten)	0	1	2	3
Zahl der Pilzarten	0	11	21	24
Zahl der nur an Tannen gefundenen Pilzarten	0	4	6	8
Zahl der untersuchten Tannen	263	0	768	1031
Zahl der von Pilzen besiedelten Tannen	13	0	45	58

Bold – Ausschließlich an Tannen gefundene Arten im Untersuchungsgebiet.

* - Sowohl auf stehenden als auch auf liegenden Tannen vorkommende Arten.

Anhang 8. An den Fichten (*Picea obovata*) vorkommende Pilzarten in den Standorttypen HTU, DTU und DTO.

Pilzarten	HTU	DTU	DTO	Gesamt
Amylocorticiellum cremeoisabellinum	0	1	0	1
Antrodia sinuosa	0	1	0	1
Antrodia sp. A	0	1	0	1
Atheliopsis sp. A	0	1	0	1
Cinereomyces lenis	0	1	0	1
Coniophora olivacea	0	5	0	5
Craterocolla cerasi	0	1	0	1
Dacrymyces chrysospermus	0	8	2	10
Dichomitus squalens	0	3	0	3
Fomitopsis pinicola*	0	38	2	40
Fomitopsis rosea	0	4	0	4
Gloeophyllum abietinum	0	1	0	1
Gloeoporus taxicola	0	1	0	1
Hyphoderma setigerum	0	1	0	1
Hyphodontia spathulata	0	1	0	1
Laurilia sulcata	0	5	0	5
Peniophora cf. septentrionalis	0	1	0	1
Peniophorella pubera	0	1	0	1
Perenniporia subacida	0	3	0	3
Phellinus chrysoloma*	0	18	0	18
Phellinus weirii	0	4	0	4
Phlebiopsis gigantea	0	1	0	1
Pycnoporellus fulgens	0	2	0	2
Schizophyllum commune	0	1	0	1
Stereum sanguinolentum	0	9	0	9
Trechispora mollusca	0	1	0	1
Tremella foliacea	0	2	0	2
Trichaptum abietinum*	0	26	1	27
Trichaptum fuscoviolaceum	0	9	1	10
Trichaptum laricinum*	0	2	0	2
Tyromyces caesia	0	0	1	1
Nicht bestimmt (2 Arten)	0	1	1	2
Nicht bestimmt (7 Arten)	0	12	0	12
Zahl der Pilzarten	0	38	6	40
Zahl der nur an Fichten gefundenen Pilzarten	0	16	1	17
Zahl der untersuchten Fichten	0	883	144	1027
Zahl der von Pilzen besiedelten Fichten	0	97	6	103

Bold – Ausschließlich an Fichten gefundene Arten im Untersuchungsgebiet.
* - Sowohl auf stehenden als auch auf liegenden Fichten vorkommende Arten.

Anhang 9. Verteilung (%) der Eigenschaften der von den neun häufigeren Pilzarten besiedelten Substrate in den Standorttypen HTU, DTU und DTO.

Pilzarten	Baumart						BHD-Klasse						Baumtyp				Holzstruktur		Zersetzung			
	Birke	Pappel	Zirbelkiefer	Tanne	Fichte	Lärche	BHD ≤20 cm	BHD 21-30 cm	BHD 31-40 cm	BHD 41-50 cm	BHD 51-60 cm	BHD ≥61 cm	Lebender Baum	Teilw. abgest. Baum	Stehendes Totholz	Liegendes Totholz	Stumpf	Stamm	Nicht zersetzt	Gering zersetzt	Mittel zersetzt	Stark zersetzt
Fomes fomentarius	100	0	0	0	0	0	35	54	11	0	0	0	4	14	15	67	15	85	0	25	25	50
Fomitopsis pinicola	8	4	28	5	42	13	9	30	29	19	7	5	1	4	6	89	25	75	0	20	60	20
Neolentinus lepideus	0	0	0	0	0	100	3	5	16	35	27	14	0	0	0	100	83	17	0	3	81	16
Phellinus chrysoloma	0	0	6	0	58	35	6	35	32	19	3	3	19	6	13	61	16	84	5	37	42	16
Schizophyllum commune	35	52	0	9	4	0	4	57	26	13	0	0	0	0	0	100	0	100	0	17	57	26
Stereum sanguinolentum	0	0	23	40	30	7	17	40	20	17	3	3	0	3	0	93	4	96	0	46	46	7
Trichaptum abietinum	0	0	23	34	43	0	12	48	18	15	6	0	0	3	11	86	16	84	0	18	68	14
Trichaptum fuscovioleceum	0	0	11	43	22	24	7	52	20	20	2	0	0	7	0	93	7	93	0	26	58	16
Trichaptum laricinum	0	0	41	14	9	36	9	50	23	9	5	5	0	5	9	86	11	89	0	16	68	16

Anhang 10. An Birken (*Betula blatyphylla*) vorkommende Pilzarten in den durch die Waldbrände beeinflussten Wäldern (Siehe auch Anhang 3).

Pilzarten	F1996	F2002	F2007	Kontrollwald	Gesamt
*Auricularia auricula-judae**	8	58	2	1	69
*Bjerkandera adusta**	8	10	10	3	31
*Cerrena unicolor**	3	10	1	3	17
*Chondrostereum purpureum**	2	10	0	2	14
*Coniophora puteana**	0	3	0	0	3
Daedaleopsis confragosa	2	1	2	1	6
*Daedaleopsis tricolor**	2	5	3	2	12
*Daldinia concentrica**	21	95	18	9	143
*Daldinia lloydii**	3	1	0	0	4
*Exidia glandulosa**	7	4	1	1	13
*Fomes fomentarius**	65	136	69	37	307
*Fomitopsis pinicola**	5	4	1	4	14
*Ganoderma applanatum**	0	4	0	1	5
*Gloeoporus dichrous**	8	6	2	2	18
*Hyphodontia breviseta**	1	3	0	0	4
*Inonotus obliquus**	1	0	4	3	8
*Irpex lacteus**	6	23	17	4	50
Laxitextum bicolor	0	0	2	1	3
*Lentinellus*cf. *vulpinus*	0	0	0	1	1
*Lentinus strigosus**	11	16	2	5	34
Lenzites betulina	1	0	0	2	3
Merulius tremellosus *	0	2	0	0	2
Panellus stipticus	1	0	0	0	1
*Phanerchaete magnoliae**	0	0	38	0	38
*Phellinus igniarius**	1	1	0	3	5
*Piptoporus betulinus**	2	2	1	1	6
*Pleurotus cornucopiae**	7	11	50	6	74
*Pleurotus ostreatus**	0	66	17	0	83
*Pleurotus pulmonarius**	6	2	5	1	14
*Plicaturopsis crispa**	2	1	0	1	4
Polyporus brumalis	0	0	0	1	1
*Pycnoporus cinnabarinus**	0	5	1	0	6
*Schizophyllum commune**	14	65	13	3	95
*Schizopora carneolutea**	1	5	0	0	6
Spongipellis spumeus	0	0	0	1	1
*Steccherinum ochraceum**	3	10	7	0	20
*Stereum hirsutum**	0	12	0	2	14
*Stereum subtomentosum**	7	4	0	2	13
*Trametes hirsuta**	14	29	3	2	48
*Trametes ochracea**	0	0	6	0	6
*Trametes pubescens**	4	0	2	1	7
*Trametes versicolor**	5	7	1	0	13
*Trichaptum biforme**	18	50	7	8	83
Nicht bestimmt (13 Arten)	6	15	2	2	25
Zahl der Pilzarten	37	40	28	33	56
Zahl der untersuchten Birken	506	357	447	506	1816
Zahl der von Pilzen besiedelten Birken	116	243	159	60	578

* - Sowohl auf stehenden als auch auf liegenden Birken vorkommende Arten.

Anhang 11. An Lärchen (*Larix sibirica*) vorkommende Pilzarten in den durch die Waldbrände beeinflussten Wäldern (Siehe auch Anhang 4).

Pilzarten	F1996	F2002	F2007	Kontrollwald	Gesamt
Antrodia xantha	1	0	0	0	1
Coniophora olivacea	3	1	0	0	4
Dacrymyces chrysospermus	1	0	0	1	2
Dichomitus squalens*	1	1	0	0	2
*Diplomitoporus*cf. *flavescens*	1	0	0	0	1
Fomitopsis cajanderi	0	0	0	1	1
Fomitopsis pinicola*	13	3	2	3	21
Fomitopsis rosea	1	0	0	2	3
Gloeophyllum protractum	3	0	0	0	3
Gloeophyllum sepiarium*	0	2	0	0	2
Ischnoderma benzoinum	0	0	1	2	3
Laetiporus sulphureus*	2	5	0	2	9
Laricifomes officinalis	2	1	2	0	5
Laurilia sulcata	4	0	0	3	7
Neolentinus lepideus	43	20	2	37	102
Perenniporia subacida	1	0	0	0	1
Phaeolus schweinitzii	0	1	0	0	1
Phellinus chrysoloma*	4	3	0	0	7
Phellinus weirii	1	0	0	3	4
Porodaedalea pini	2	2	0	1	5
Pycnoporellus fulgens*	2	0	0	0	2
Royoporus badius	2	0	0	0	2
Stereum sanguinolentum*	5	3	1	0	9
Thelephora terrestris*	7	0	0	0	7
Trichaptum fuscoviolaceum*	14	28	4	3	49
Trichaptum laricinum	2	0	0	2	4
Nicht bestimmt (10 Arten)	10	3	0	1	14
Zahl der Pilzarten	30	15	6	13	36
Zahl der untersuchten Lärchen	368	278	204	306	1156
Zahl der von Pilzen besiedelten Lärchen	99	68	10	50	227

* - Sowohl auf stehenden als auch auf liegenden Lärchen vorkommende Arten.

Anhang 12. Verteilung (%) der Eigenschaften der von den zwölf häufigeren Pilzarten besiedelten Substrate in den angebrannten Wäldern.

Pilzarten	BHD-Klasse					Baumtyp				Feuerintensität					Feuerhöhe				Zersetzung				Holzstruktur	
	BHD ≤20 cm	BHD 21-30 cm	BHD 31-40 cm	BHD 41-50 cm	BHD 51-60 cm	Lebender Baum	Teilweise abgestorbener Baum	Stehendes Totholz	Liegendes Totholz	Ohne Feuerspur	Oberflächige Feuerspur	Leichter Rindenschaden	Leichter Splintholzschaden	Starker Feuerschaden	Ohne Feuerspur	Feuerspur bis 2 m des Stammes	Feuerspur bis 5 m des Stammes	Feuerspur mehr als 6 m des Stammes	Nicht zersetzt	Gering zersetzt	Mittel zersetzt	Stark zersetzt	Stamm	Stumpf
Auricularia auricularia	0	29	56	15	0	6	10	69	15	4	38	26	31	0	2	31	31	36	0	100	0	0	100	0
Daldinia concentrica	19	33	34	13	1	10	14	67	9	0	31	30	31	7	0	35	38	27	0	8	83	8	92	8
Fomes fomentarius	17	44	32	6	1	1	3	66	31	5	34	21	24	15	5	37	33	26	0	69	24	7	93	7
Irpex lacteus	17	34	37	7	5	0	12	44	44	2	37	22	34	5	0	39	35	26	0	94	6	0	94	6
Neolentinus lepideus	0	18	25	14	43	0	0	0	100	8	17	20	42	14	-	-	-	-	0	95	3	2	20	80
Phanerochaete magnoliae	21	53	24	3	0	0	3	37	61	3	11	18	18	53	2	33	33	33	9	87	4	0	100	0
Pleurotus cornucopiae	13	46	32	9	0	4	26	47	22	3	21	29	24	24	2	30	42	26	7	87	7	0	100	0
Pleurotus ostreatus	4	40	48	8	0	2	8	76	13	0	45	28	23	5	0	21	35	44	18	82	0	0	100	0
Schizophyllum commune	5	37	41	15	1	2	8	59	31	2	33	20	37	8	0	35	37	29	0	89	7	4	96	4
Trametes hirsuta	5	34	50	11	0	7	7	52	34	0	34	23	34	9	0	28	31	41	0	87	7	7	93	7
Trichaptum biforme	8	38	41	9	4	4	7	47	42	12	26	23	32	7	12	30	30	28	3	84	13	0	94	6
Trichaptum fuscovioleceum	2	11	27	18	42	7	7	42	44	13	40	11	29	7	4	56	36	4	0	90	5	5	95	5

Transliteration kyrillischer Buchstaben

Kyrillische Buchstaben		Wissenschaftliche Transliteration	
А	а	A	a
Б	б	B	b
В	в	V	v
Г	г	G	g
Д	д	D	d
Е	е	E	e
Ё	ё	Jo	jo
Ж	ж	Ž	ž
З	з	Z	z
И	и	I	i
Й	й	J	j
К	к	K	k
Л	л	L	l
М	м	M	m
Н	н	N	n
О	о	O	o
Ө	ө	Ö	ö
П	п	P	p
Р	р	R	r
С	с	S	s
Т	т	T	t
У	у	U	u
Ү	ү	Ü	ü
Ф	ф	F	f
Х	х	Kh	kh
Ц	ц	C	c
Ч	ч	Č	č
Ш	ш	Š	š
Щ	щ	Šč	šč
Ъ	ъ	''	''
Ы	ы	Y	y
Ь	ь	'	'
Э	э	Ė	ė
Ю	ю	Ju	ju
Я	я	Ja	ja

Quelle: http://de.wikipedia.org/wiki/Kyrillisches_Alphabet. Letzter Aufruf: 15.04.2009

Danksagung

Ich bedanke mich ganz herzlich bei dem Deutschen Akademischen Austauschdienst (DAAD), von dem die vorliegende Arbeit finanziell gefördert wurde. Weiterhin möchte ich bei Herrn Prof. Dr. M. Mühlenberg und Herrn Prof. Dr. M. Hauck für die engagierte Betreuung bzw. die Übernahme des Korreferates meiner Dissertationsarbeit und für ihre stets freundliche Unterstützung bei allen theoretischen und praktischen Fragen bedanken.

Meinen Freunden A. Kemmling, B. Müller und J. Freese bedanke ich mich ganz herzlich für das Korrekturlesen einzelner Teile dieser Arbeit. Meiner Freundin A. Barua danke ich für die Übersetzung der Zusammenfassung meiner Arbeit ins Englische herzlich.

Des Weiteren danke ich Herrn Prof. Dr. R. Agerer und Frau Dr. A. Vitalievna für ihre nette Unterstützung. Ich möchte bei J. Loss für seine engagierte und kompetente Unterstützung besonders bedanken, die er mir bei der Durchführung der Feldarbeit entgegen gebracht hat. F. Beyer, T. Sain-Erdene und B. Ser-oddamba danke ich für ihre motivierende Hilfe während meiner langen Feldarbeit.

Nicht zuletzt möchte ich bei meiner Familie und allen meinen Freunden bedanken, die mir auf vielfältige Weise hilfreich zur Seite standen.

I want morebooks!

Buy your books fast and straightforward online - at one of world's fastest growing online book stores! Environmentally sound due to Print-on-Demand technologies.

Buy your books online at
www.morebooks.shop

Kaufen Sie Ihre Bücher schnell und unkompliziert online – auf einer der am schnellsten wachsenden Buchhandelsplattformen weltweit! Dank Print-On-Demand umwelt- und ressourcenschonend produziert.

Bücher schneller online kaufen
www.morebooks.shop

KS OmniScriptum Publishing
Brivibas gatve 197
LV-1039 Riga, Latvia
Telefax +371 686 204 55

info@omniscriptum.com
www.omniscriptum.com

Printed by Books on Demand GmbH, Norderstedt / Germany